# 一捻芳华

## |非遗绒花教程|

刘 梅 征珊珊 ◈ 著

江苏凤凰科学技术出版社 · 南京

图书在版编目（CIP）数据

一捻芳华 非遗绒花教程 / 刘梅，征珊珊著．-- 南京：江苏凤凰科学技术出版社，2023.07

ISBN 978-7-5713-3372-0

Ⅰ．①一… Ⅱ．①刘…②征… Ⅲ．①绒绢－人造花卉－手工艺品－制作－中国－教材 Ⅳ．① TS938.1

中国版本图书馆 CIP 数据核字（2022）第258620号

**一捻芳华 非遗绒花教程**

著　　者　刘　梅　征珊珊
责任编辑　刘玉锋　黄翠香
特邀编辑　陈　岑
责任校对　仲　敏
责任监制　刘文洋

出版发行　江苏凤凰科学技术出版社
出版社地址　南京市湖南路1号A楼，邮编：210009
出版社网址　http://www.pspress.cn
印　　刷　南京新世纪联盟印务有限公司

开　　本　787 mm × 1 092 mm　1/16
印　　张　12
字　　数　200 000
版　　次　2023年7月第1版
印　　次　2023年7月第1次印刷

标准书号　ISBN 978-7-5713-3372-0
定　　价　98.00元

# 导读

“试问江南诸伴侣，谁似我，醉扬州。”扬州作为江南重镇，历来为文人墨客所称道，但扬州非遗绒花在历史长河中几经飘零，差一点就淡出人们的视线。不过，近几年一些“爆款”古装剧让它再次“出圈”。虽然绒花的受众并不十分广泛，仅用于时装和汉服配饰，但在大力弘扬中华优秀传统文化的时代背景下，绒花逐渐回归大众视野。

绒花技法有北派和南派之分，南京绒花和扬州绒花为南派代表。颜色瑰丽多姿，艳而不俗，造型多变，这是南派绒花最吸引人的地方。

和其他非遗技艺一样，绒花制作技艺也是代代传承，尤其是家族传承。本书作者刘梅和征珊珊是一对母女，出生在匠人世家，均为扬州绒花制作技艺非遗传承人。二人致力打造扬州绒花的新面貌。也想尽绵薄之力让更多传统文化爱好者走近这些色彩丰富、玲珑精致的绒花。

本书从绒花起源切入，一探其辉煌历史。之后介绍绒花制作的材料工具、基本技法，图文并茂地呈现非遗手艺人指尖一剪一捻的高超技艺。书中收录20款精美饰品，包括花卉、果实、动物等多种样式，可制成发簪、胸针、发夹等，既做到了非遗技艺传承，又增强了实用性，更受年轻人喜爱。

刘梅认为，手艺人靠的是手，手上就得有绝活。对她们来说，最珍贵的就是一生习得的技艺，相比于保留，更想让非遗成为看得见、学得会的技艺，要让更多年轻人来继承文化遗产。而新一代传承人征珊珊则守正创新，用年轻人更易接受的形式，让非遗“道不远人”，让扬州绒花美名流传。

# 目 录

## 壹 ◈ 绒花的前世今生



## 贰 ◈ 材料与工具

## 叁 ◈ 基本制作技法

## 肆 ◈ 饰品制作范例

you

# 壹

# 绒花的前世今生

# 起源与历史

绒花又称“宫花”“喜花”，是用天然蚕丝制作而成的、雅俗共赏的传统手工艺品。绒花艳丽多姿却不失优雅，美艳动人却美而不娇，被世人称为手工艺品中的“小家碧玉”。

绒花的历史可以追溯到唐代，那时的仕女喜欢把鲜花戴在头上作为装饰，即“簪花”。但鲜花受制于时令，并不是四季常有，而且还容易掉色。因此，出现了不枯不败的绒花。绒花谐音“荣华”，有吉祥富贵的寓意。绒花不仅作为“宫花”上贡朝廷，还深得百姓欢迎，其产业越来越繁荣。

到了宋代，绒花制作仍以头戴花为主，无论男女老幼，皆以戴花为美。

元代、明代，人们对绒花有了多样化的需求，人们根据不同的时节，制作不同主题的绒花。

至清代，绒花依然是宫中嫔妃和市井百姓钟爱的吉祥饰物，其样式玲珑小巧、活色生香，秀雅于鬓间。

清末至民国期间，绒花行业经历了发展的黄金阶段。绒花真正从宫廷走向民间，成为大众化装饰的一种，簪戴四时绒花的习俗在这个时期广为流传。绒花的种类有了新的变化，从以前单一的首饰绒花，拓展到审美与实用性兼备的戏剧花（舞台表演时使用）、胸花、帽花、礼服花等。

从古至今，绒花的应用与节庆习俗有着密不可分的联系，它色彩鲜艳，既可奢华大气，也可秀雅玲珑，不仅为节日增添吉祥喜庆的氛围，也表达人们对美好生活的向往。

# 造型与工艺

绒花的造型与工艺在明清时期逐渐形成体系。宫廷和民间这两个群体的区分，使得包括绒花在内的手工艺产生了不同的艺术风格。民间工艺偏淳朴自然，具有生活气息；宫廷工艺则具有匠气，雕饰感明显。

明清时期的绒花多与簪结合在一起，其造型主要来源于具有吉祥寓意的中国传统纹样，如龙凤、各类花卉、蝙蝠、寿桃、石榴等。这一时期还有不少有文字记载的特色造型，如媒婆说亲佩戴的“红霏霏头戴绒花”，卖花婆子花匣子里的“铺绒花石榴喷火”，鬓边插戴十数枝的“五色绒花”，除夕时孩子戴的“虎形绒花”（也叫“老虎花”），庆祝得子之喜的“麒麟送子绒花”和“四季花名，飞禽走兽”等各式绒花。

就制作工艺而言，绒花在民间大多是单用蚕丝制作而成的“单一绒花”；而宫廷中使用的绒花，多辅以金银珠玉等贵重材料，或与其他制花工艺相结合，做成更加奢华精巧的“复合绒花”。

## 流派与传承

绒花的南北之分在明清时期就已经形成。在北方，北京和天津是绒花分布的主要地区，共同形成“北派绒花”，其擅长抽象型绒花的制作，款式端庄大气，色彩艳丽；江南地区，丝织业一向很繁荣，以南京、扬州、苏州等地为主，形成“南派绒花”，擅长象形花朵的制作，款式精致，色彩温雅，观赏性更强。此外，福建省的福州、泉州等地也有制作和使用绒花的习俗。

其实，对制作绒花来说，南派和北派的区分只是制作工艺上的区别，绒花本质并没有改变。

20世纪90年代，南京市民俗博物馆征集了一批传统绒花作品，保护性地整理了有关南京绒花的文字、图像和视频资料。2006年，经过多方努力，南京绒花与扬州绒花联合申报“绒花制作技艺”非物质文化遗产项目并获通过，被列入江苏省首批非物质文化遗产名录。在这之后，绒花的保护和传承逐渐被更多人重视。

扬州非遗绒花制作技艺传承人刘梅在制作菊花绒花，用镊子细致调整造型。

# 扬州绒花的古韵新容

扬州自古制花业就很发达，是全国著名的工艺花产地，在唐代，扬州绒花已作为“宫花”列入贡品。

民国初年，扬州制花业生产和经营集散中心在湾子街一带。之后，湾子街绒花艺人到江都砖桥传授绒花制作技艺，这一带的绒花业便迅速兴起，成为扬州绒花的一个重要产地，被形象地称为扬州的“花窝”。至今，江都砖桥的丝绒工艺老厂中，还有老手艺人在做花。

民国以来，绒花的家庭手工生产比较普遍，绒花的生产和销售更多是靠手艺人自己。一种方式是建固定的铺坊，多是前店后坊的形式；另一种是推车挑担，走街串巷。后者就是人们口中“流动的匠人”。

中国民俗学会会员王喜根在《扬州古巷风情》中记录道，扬州镇上除了固定的绒花店，大街小巷还不时出现些身背圆屉、手拿长柄镗锣沿街卖绒花的人。圆屉一般有四到五层，每层装有样式各不相同的绒花或半成品。卖花人常常会找个热闹的市口，把装满绒花的圆屉摆在地上，供客人欣赏挑选。有时卖花人还会准备半成品的绒条，根据顾客的需求，现场制作独一无二的绒花饰品。人们有新春戴花以讨个吉祥如意兆头的习俗，每逢过年，是绒花生意最红火的时候。绒花规模化生产后，市集、庙会上也经常能看到绒花的身影。

后来，因鲜花不再稀缺，纯手工制作的绒花渐渐被各种材质的头花、胸花等取代，大部分扬州绒花手艺人选择转行。近些年，传承中国传统文化的热潮兴起，代表华夏衣冠的汉服备受青睐，与之相得益彰的绒花饰品随之回归人们的视线。

如今，扬州绒花制作技艺迎来新一代传承人，“90后”挑起非遗传承的重担。他们将像老一辈“守艺人”一样，笃定坚持、守正创新，用“一生一世一贯”的执着精神，努力将拥有悠久历史、深厚民俗文化底蕴的绒花技艺传承下去，并用年轻人更易接受的形式，让非遗“道不远人”。

虽然绒花不如金银饰品光彩夺目，也没有翡翠玉石的自然灵性，但它却蕴含着独特的东方美学，承载着传统手工艺人的工匠精神。手工的温度赋予蚕丝生命，盛开出荣华不败的传奇之花。

用蚕丝线仿点翠工艺做成的绒花饰品，呈现出近似翠鸟羽毛的光泽和色彩。

### 扬州绒花的工艺发展

从古至今，扬州绒花的工艺发展经历了三个重要阶段。早先的绒花是在做成花型的纸面上绕上花绒，称为"绕绒花"；之后发展为先在纸上设计出各种图案，并依照图案将花绒装裱其上，待刮光之后再做成各种花型，称为"刮绒花"；清末以来，又发展成先制绒坯、滚成绒条，再组合成千姿百态的绒制品，称为"滚绒花"。不过，前两种工艺如今几近失传，得以传承发展的是"滚绒花"工艺。

# 绒花欣赏

淡紫色的紫藤，那伸展的藤蔓是对爱情的向往；粉色的桃花，寓意美好爱情的到来。

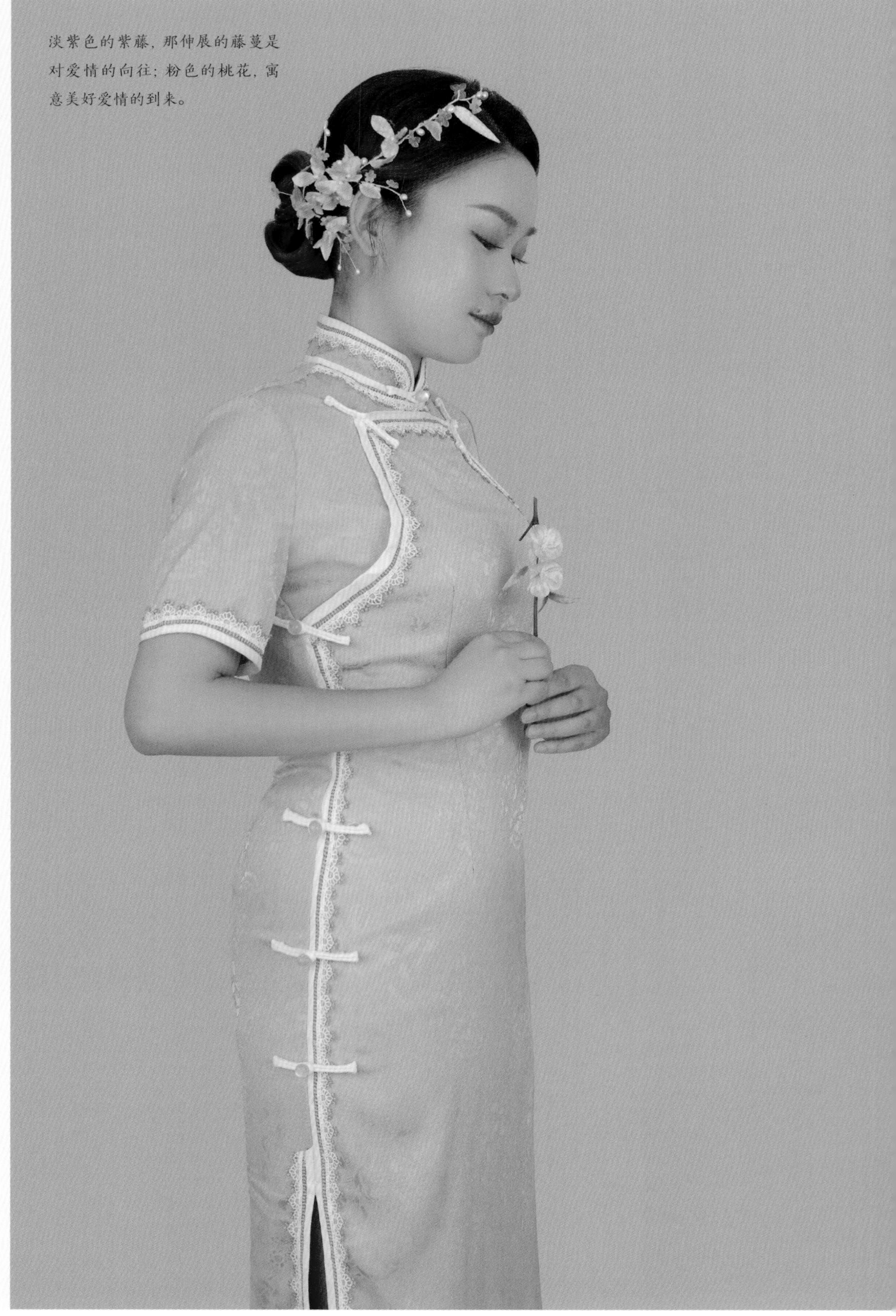

淡紫色的绒条，让紫藤花散发神秘感；铜丝为骨，展示藤蔓不断攀升，充满生机。

这支水墨牡丹波浪发梳，花瓣内深外浅，并用重“墨”点花头，表现牡丹的高贵典雅。

“着霞帔，戴凤冠”是古代女性最大的荣耀。此处的凤冠通体采用大红绒条制成，代表着吉祥、幸福和美好未来。

红艳艳的花朵发冠，衬托出新娘娇美灿烂的笑靥，见证幸福美满的人生。

在现代传统婚礼中，穿戴龙凤褂、凤冠、福寿三多等，是对新人未来生活的祝愿，象征白头偕老、家庭兴旺。

戴上毛茸茸的枇杷发夹，暖暖的黄色，顶部点缀橘红，搭配粉色的汉服。去老街走一圈，满眼的“穿越”既视感。

红绿搭配一定很俗气？这只凌霄头冠，毛茸茸的质感与绿叶顶部的一点红，反而让它更显灵动与可爱。

蓝色的叶，黄色的花，强烈的撞色，让人一眼就记住扬州绒花的美。

# 贰

# 材料与工具

◈ 绒花的制作材料和工具比较简单，都是生活中常见的物品。主要材料有蚕丝线、生铜丝、花蕊、珠子以及造型主体材料等，为了增加绒花款式的精美程度，偶尔还会用到金箔纸、银箔纸、锡箔纸等。主要工具有剪刀、镊子等，剪刀用来剪绒条、铜丝，镊子则用来调整造型。另外，还需要做绒条时用到的鬃毛刷、搓丝板、尺等，做造型时用到的钳子等，以及缠绑造型、用于固定的胶等。

## 蚕丝线

制作绒花的主要材料是蚕丝线。优质、无捻、免劈蚕丝线比较好，便于梳理，市面有售。用蚕丝做出来的绒花，其光泽度和质感都很好。如果购买的是生蚕丝，需经碱水煮熟，但不可过烂，煮熟后的蚕丝称为“熟绒”。

### 生蚕丝和熟绒有什么区别?

生蚕丝粗而坚挺，适合用来做很大的造型或者不太精细的款式，如小绒鸡等。熟绒很细腻，也很柔软，色泽亮丽，适合做精致的花朵。

## 生铜丝

如今市面上出售的铜丝有粗细之分，基本是一圈圈绕好的。直径0.2毫米的细铜丝用于勾一般的花瓣、叶枝，以及鸟的嘴巴、翅膀等部位的绒条；直径稍微大一点的粗铜丝用于勾花秆，以及动物身体部位的绒条。

### 生铜丝为什么要退火才能用来勾条?

退火是一种金属热处理工艺，指的是将金属缓慢加热到一定温度，保持足够长的时间，然后冷却。退火后的铜丝比生铜丝更软，而且退火能改善生铜丝的可塑性和韧性，方便进行塑形。生铜丝退火后不易起静电，更便于绒花制作。

## 配件、造型主体材料

各式花蕊多由石膏和棉线组成，用于做绒花的花心。珠子等配件是传花时用到的组装材料，用于装饰点缀，使用时选择适合设计款式的颜色和造型即可。配件、造型主体材料一般有发簪、发钗、发梳、胸针、发夹等，多是铜镀金的合金制品。

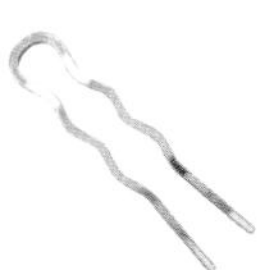

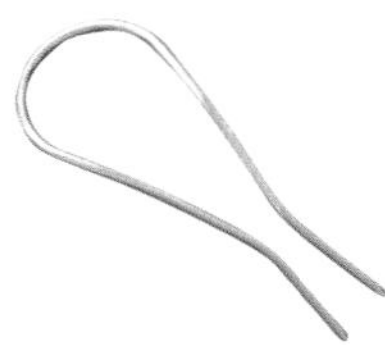

叁

# 基本制作技法

◈ 绒花制作需经染色、烧铜丝、劈绒、绑绒、勾条、打尖、传花等十多道工序。用镊子对打尖的绒条进行造型组合，配合珠子、花蕊、金箔纸、造型主体材料等制作出所需的款式，可以是头饰、胸针，也可以是瓶插、装饰画等装饰品。

## 染色

给蚕丝染色。染色时，调整染料和水的配比，就可以染出不同色彩饱和度的蚕丝。

1 准备好蚕丝和染料。用一根线将蚕丝捆好，以防染色过程中丝线乱而打结。

2 染缸里放适量水。颜料碗中加少量水，化开染料后倒入染缸。

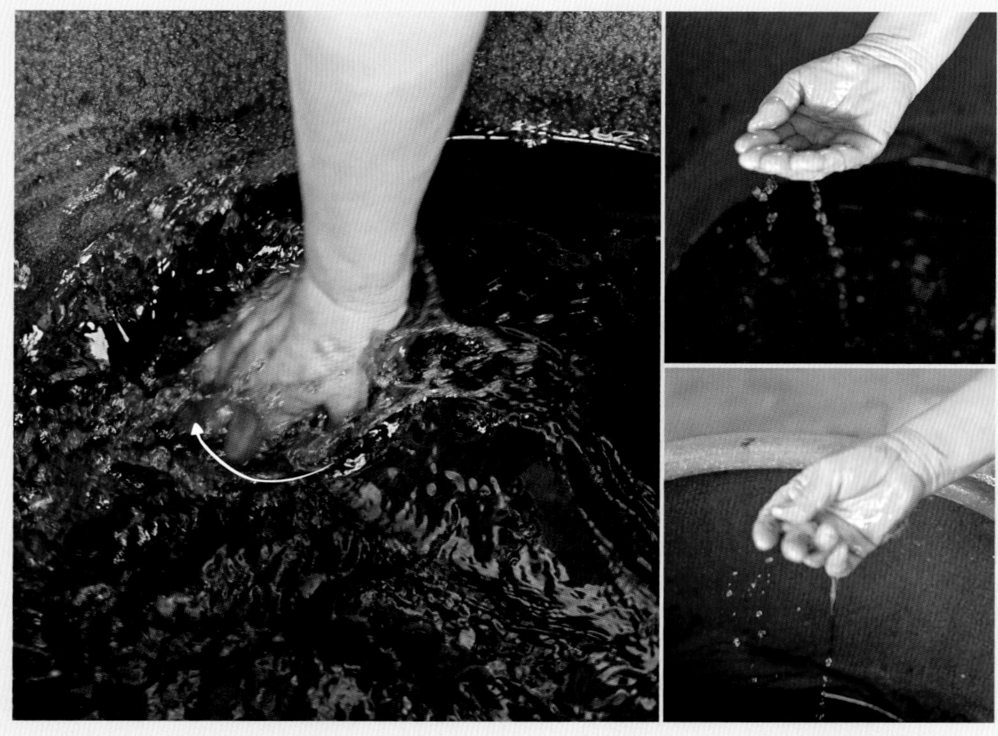

3 用手按顺时针方向将染料搅拌均匀，捧起水查看颜色。将一小团蚕丝放入染缸中试色。调色需一点一点增加颜料，以防一开始就颜色太重。

4 在不锈钢盆中舀入适量水，将蚕丝放入水中，用手按压，确保所有蚕丝充分浸湿。取出拧干，理顺蚕丝。

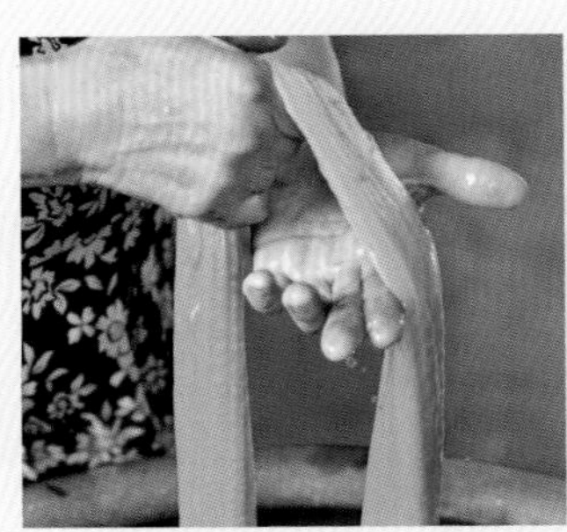

5 将蚕丝慢慢放入染缸，确保全部浸湿，充分接触染料，再顺时针搅动几下，取出拧干。

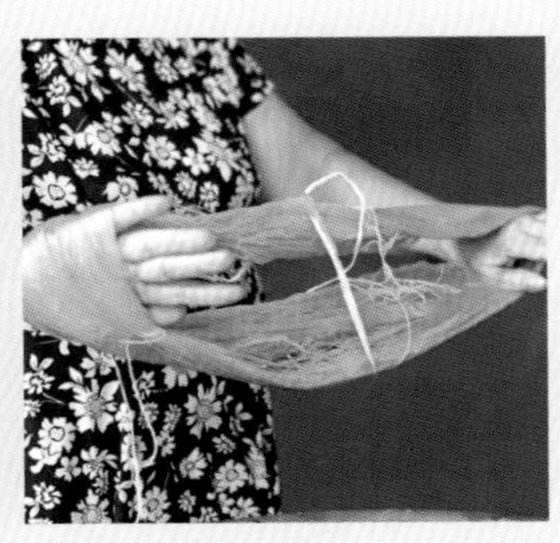

6 用双手将蚕丝多次绷紧，理顺即可。

7 将染好色的蚕丝套在杆子上，铺开悬挂晾干。

8 晾干后缠绕成麻花状，存放备用。

**小技巧：** 建议在晴天染色、晾晒，这样不会出现行话里的“飞红走绿”，也就是偏色的情况。

# 烧铜丝

烧铜丝也叫“铜丝退火”。退火后的铜丝硬度降低，便于勾条及用镊子进行塑形。

1 将生铜丝绕好。

2 火膛起大火，放入铜丝烧10分钟左右，直至铜丝通体发红。

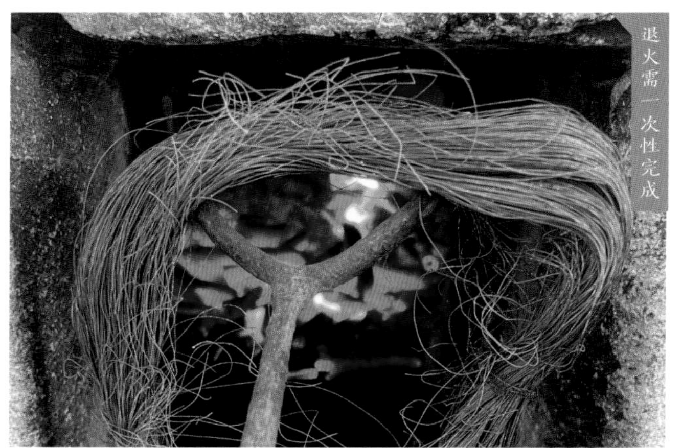


3 取出铜丝，放置冷却。

4 将冷却后的铜丝剪开，备用。

**小技巧：** 也可以将生铜丝绕小圈，放在燃气灶上退火。

## 劈绒

根据制作的花型，按量劈蚕丝。劈蚕丝不宜过厚也不宜稀少，最好由两人操作。劈的时候动作要快，如果动作慢，劈好的蚕丝很容易又打结。

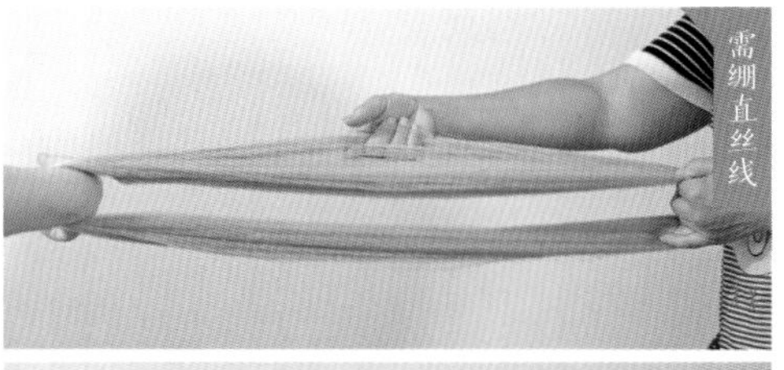


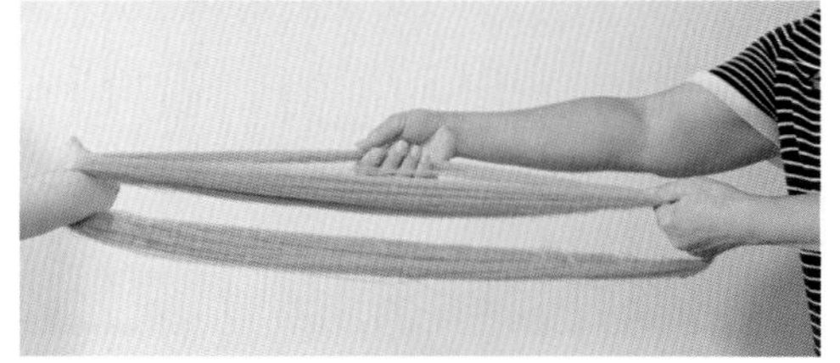

1 一人拉住蚕丝一端，另一人用右手顺着丝绒一缕缕取适量蚕丝。

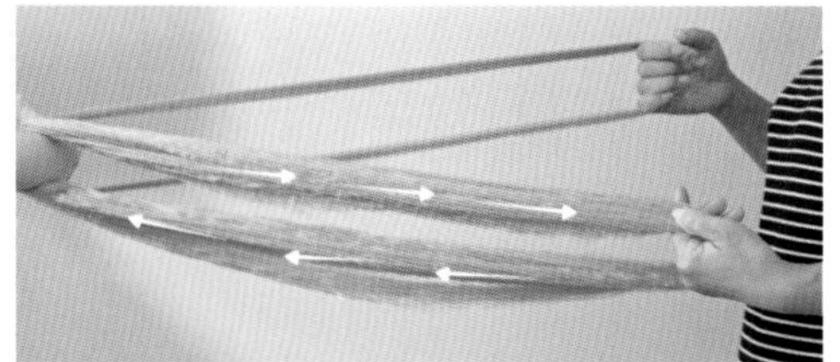

2 反复多次，捏取劈开。劈完一部分的绒后，可以将未劈绒的蚕丝稍微旋转，再继续劈绒的动作。

## 绑绒

按照制作款式需要的配色，将劈好的蚕丝绑在绳子一端，排匀。绳子另一端需固定结实，以防梳理蚕丝的时候滑落。

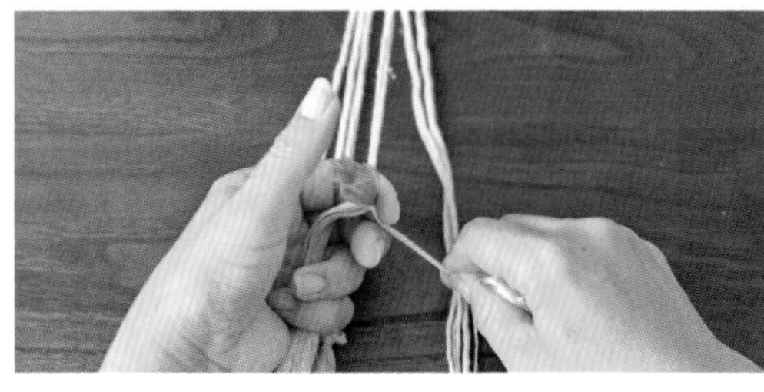

1 将劈好的蚕丝按所需的长度剪下，从左往右或从右往左分别绑在绳子一端。绳子另一端用重物压实。

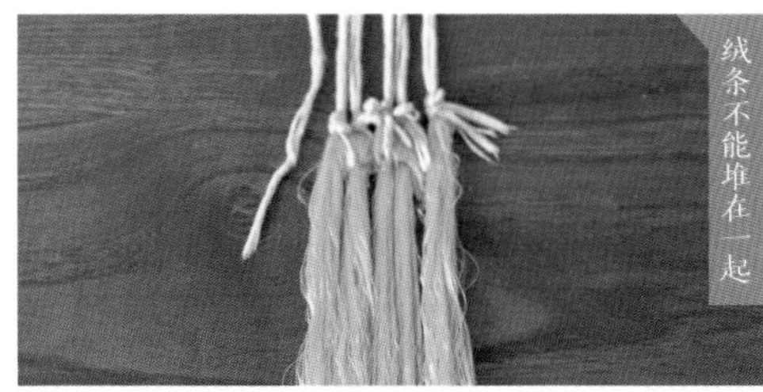


2 绑好绒。

### 渐变色绑绒

# 理绒和梳绒

将绑好的蚕丝理整齐、顺畅，要求没有浮绒，这样绒排更有光泽、更均匀。再用鬃毛刷梳通蚕丝。

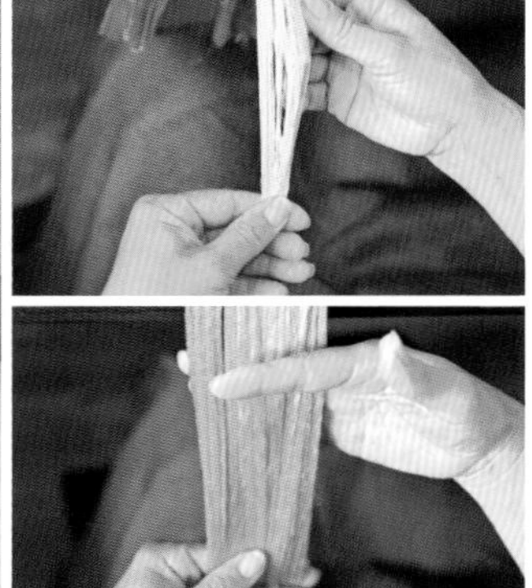

1 绑好蚕丝后，左手大拇指和食指捏住蚕丝底部，右手将蚕丝往同一方向一缕缕理开。

2 左手拇指、中指和无名指夹住蚕丝底部绷直，右手用鬃毛刷从上往下梳蚕丝，直至将蚕丝梳理通顺。

## 渐变色理绒

# 捻铜丝

梳匀蚕丝后，在又直又紧密的绒排上固定铜丝，以便制成绒条。

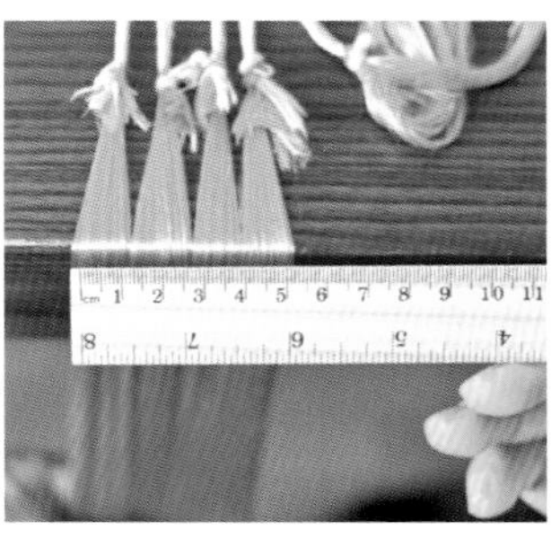

1 梳完绒后，用木尺量绒排宽度。如果过宽，将多余的绒条拨至一边。

2 取1根退火铜丝对折。双手拇指和食指分别捏住对折铜丝的两端。

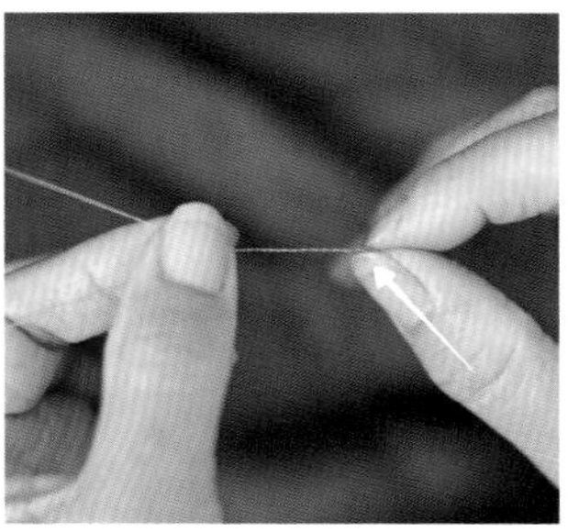

3 右手捏住对折的一端，拇指往上推，将铜丝捻成螺旋状。

4 用铜丝夹住绒排正中间，双手拇指和食指捏紧两端，左手拇指从上往下，右手拇指从下往上，向反方向捻，直至铜丝夹紧绒排。

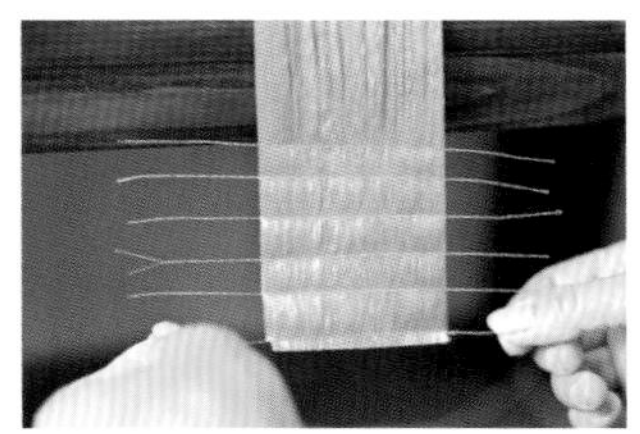

5 重复步骤2~4，继续捻铜丝固定绒排。

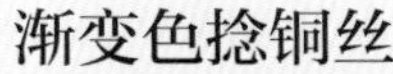

## 渐变色捻铜丝

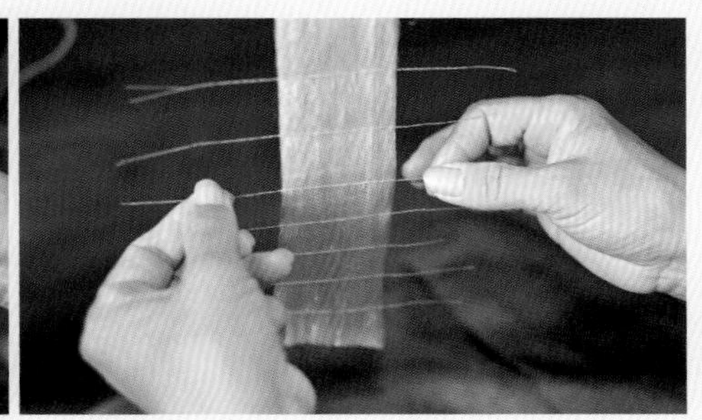

## 剪绒

用勾条剪刀按所需绒条的宽度一排排剪开，即可得到绒条的雏形。

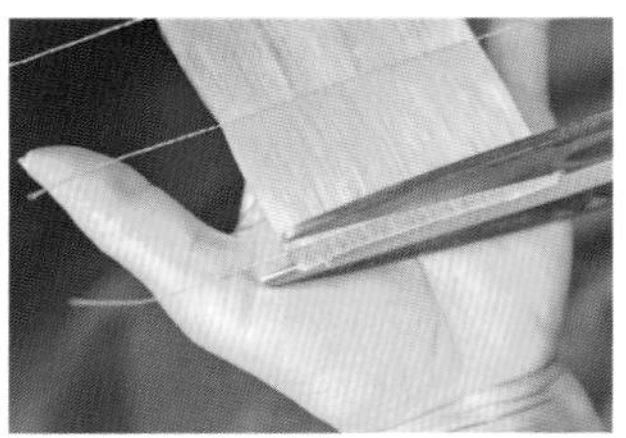

1 用勾条剪刀先顺着绒排剪下底部多余的部分。

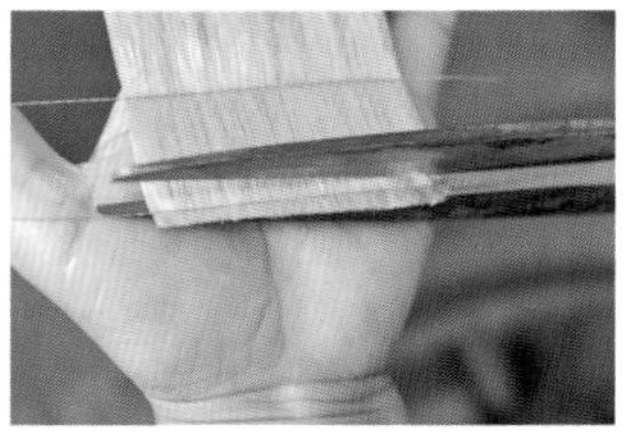

2 剪刀与铜丝平行，根据所需的宽度连贯、迅速地剪下绒条，这样绒条边缘会更平整。

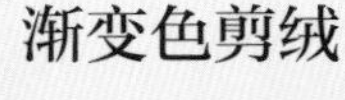

渐变色剪绒

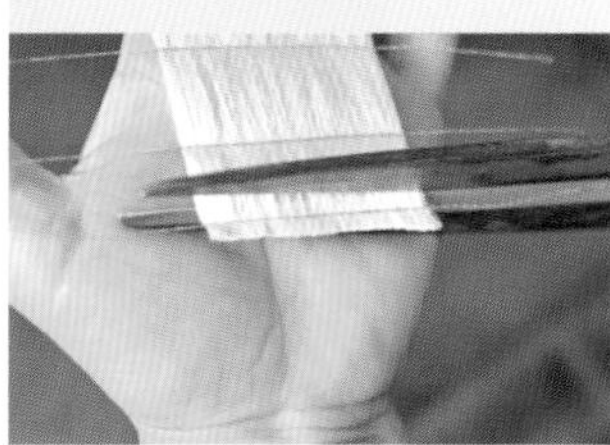

## 勾条

勾条是指将扁绒条搓成圆柱体绒条的过程。勾条过程中使扁绒条均匀、紧密度适当即可成型。

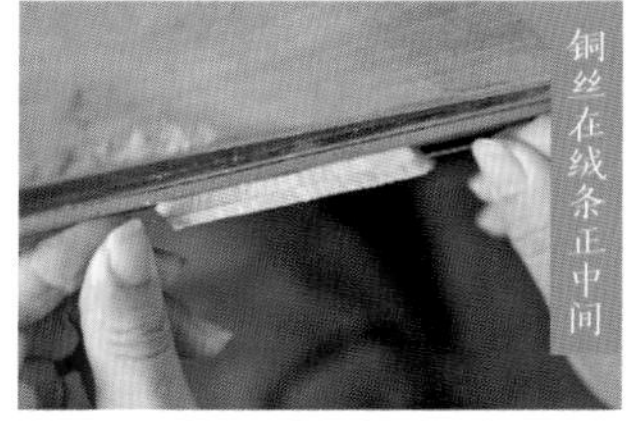


1 双手捏住铜丝两端，将扁绒条对在木尺上碰齐，确保绒条边缘整齐。

2 双手反方向推，将绒条捻成螺旋状。

3 将铜丝对折的一端放在下搓丝板上，右手握住上块搓丝板，往右下方进行搓擀。搓完测量绒条长度。

### 渐变色勾条

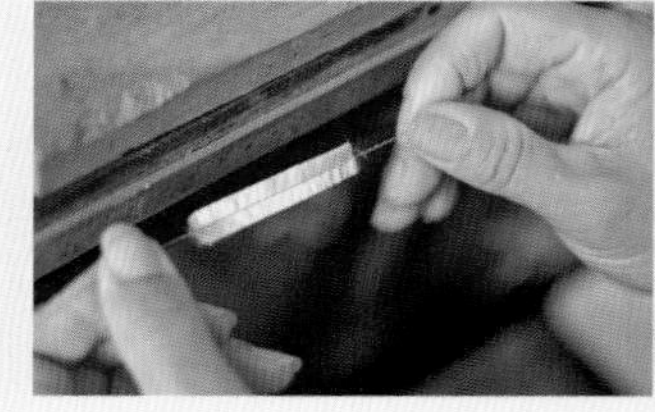

# 打尖

打尖是用传花剪刀对绒条进行加工，将圆柱体绒条修剪成款式需要的形状，以便接下来的塑形。打尖方式一般分为两头打尖、对半打尖、球形打尖。

打尖前，左手拇指和食指指腹需蘸取一点滑石粉。这样不容易出汗，搓捻铜丝不会打滑。

## 两头打尖

两头打尖的绒条一般用于制作圆形花瓣、长条形花瓣和叶片，以及动物羽毛和翅膀等，如梅花花瓣、菊花花瓣、柳叶、绶带鸟尾羽、蜻蜓翅膀等。

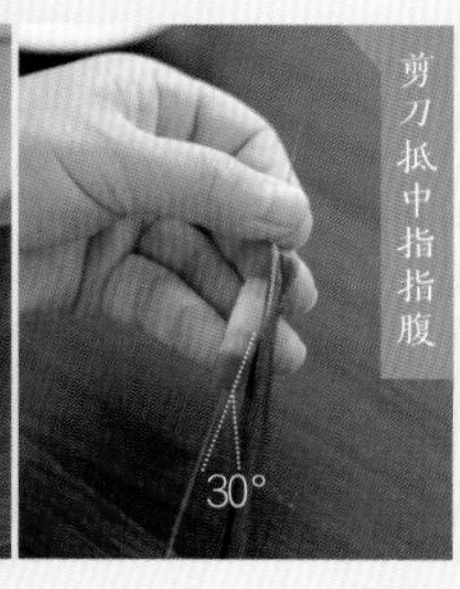


1 左手拇指和食指捏住绒条一端，右手拿传花剪刀。调整剪刀，使其和绒条的夹角呈30°左右。

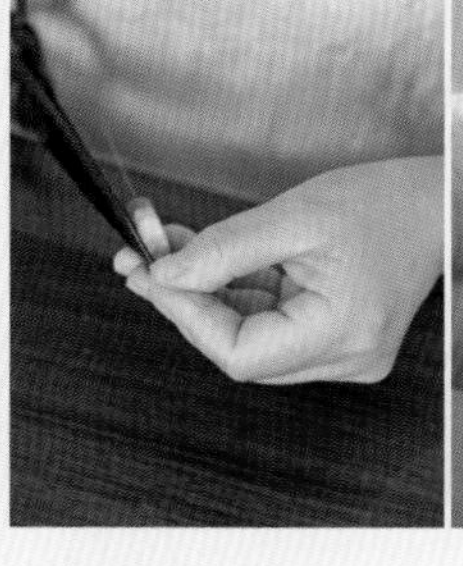

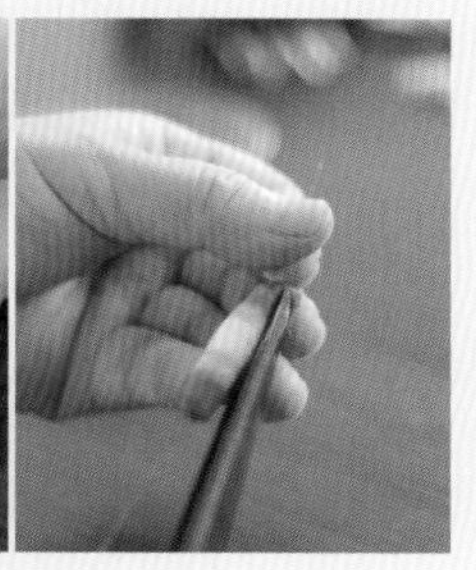

2 左手拇指不断向右搓捻绒条，右手用剪刀快速修剪。

3 修剪完一端，用同样的方法修剪另一端。

4 两头打尖完成。

**小技巧：**两头打尖的宽度可以有所区别，如一头稍宽、一头稍尖，甚至一头稍圆，应根据款式灵活变通。

## 对半打尖

对半打尖的绒条一般需对折做造型，用于做尖形花瓣或叶片，如百合花花瓣、铃兰花瓣、卵圆形的叶片等。

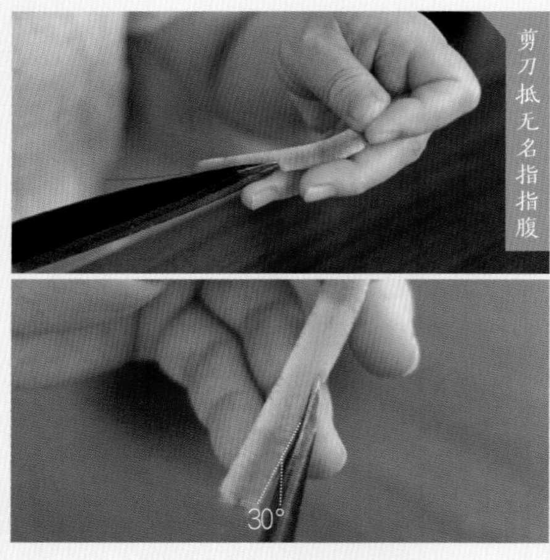


*1* 左手拇指和食指捏住绒条一端，右手拿传花剪刀，从绒条中间开始打尖。

*2* 左手拇指不断向右搓捻绒条，右手用剪刀快速修剪。

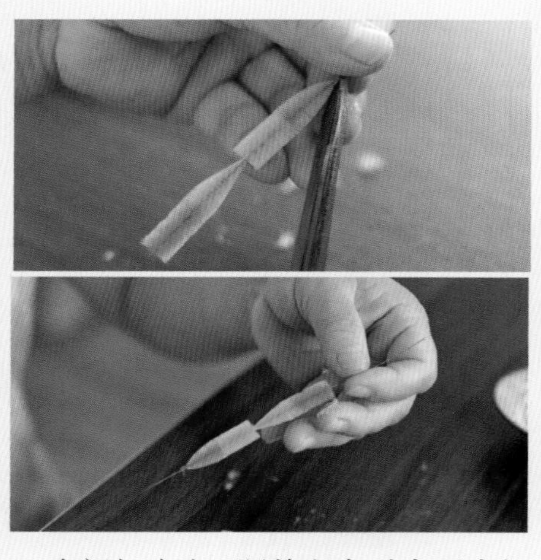

*3* 中间打尖完，顺着方向对上面半根绒条进行打尖。将绒条上下换一个方向，用同样的方法对剩余的地方打尖。

*4* 对半打尖完成。

**小技巧：**对半打尖往往用于渐变色或混色绒条，对折后颜色非常漂亮。

## 球形打尖

球形打尖的绒条一般用于做圆形果实和动物的头部，如桃子、枇杷、葡萄、柿子，以及绒鸟、绒鸡的头部等。此处以桃子为例。

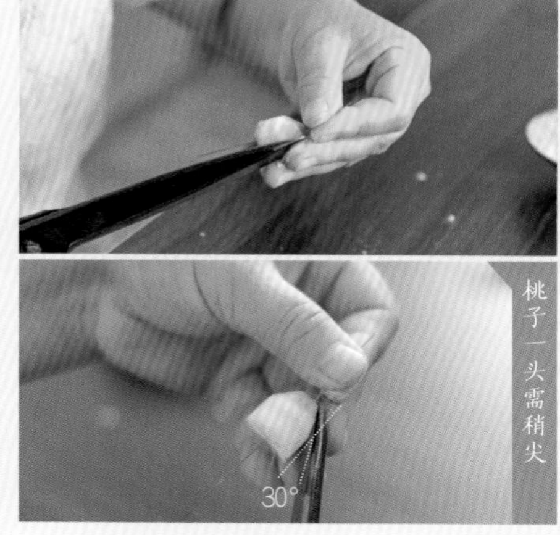


*1* 左手拇指和食指捏住绒条一端，右手拿传花剪刀。左手拇指不断搓捻绒条，右手用剪刀快速修剪。

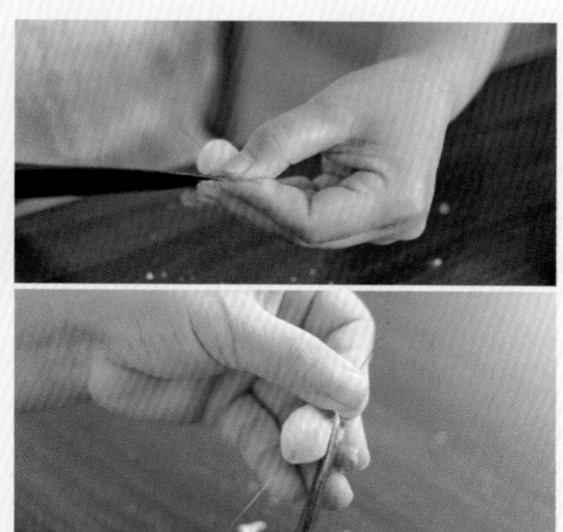

*2* 修剪完一端，用同样的方法修剪另一端。注意桃子底部一端需稍圆。

*3* 多次修剪绒条，时刻把握好球形的弧度，尽可能圆润。

*4* 球形打尖完成。

**小技巧：**球形打尖成功的关键在于绒条的长度和直径应趋于一致，这样球形才会趋于圆润饱满。

# 传花

传花是用镊子对打尖完的绒条进行造型组合，配合各种辅助材料制作出所需的款式。此处以梅花为例。

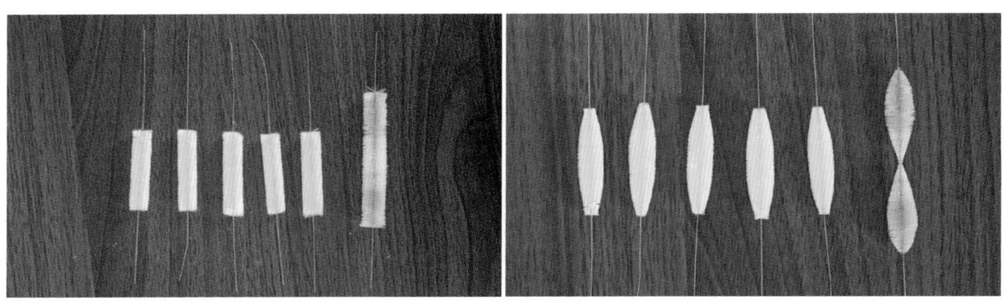

准备好5根粉色绒条和1根浅绿色、白色渐变绒条，分别打尖。粉色绒条做花瓣，渐变绒条做叶子。

## 叶子部分

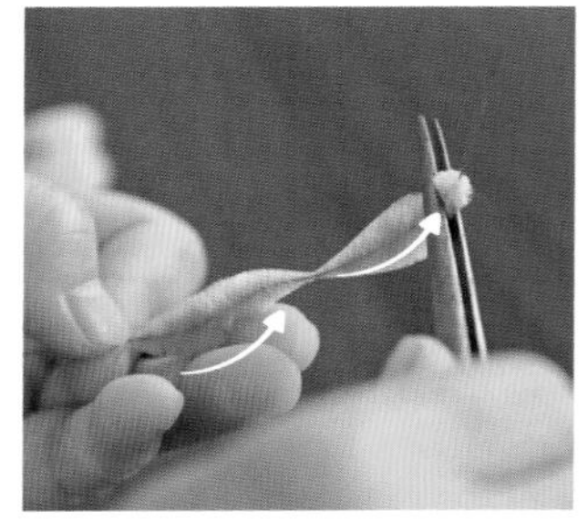

1 用镊子将绒条从下往上稍微刮出弧度，以便对折后有造型。

2 用镊子夹住绒条中间打尖的地方，将绒条对折。右手用镊子夹住叶子下端的铜丝，左手捻紧铜丝，固定好。

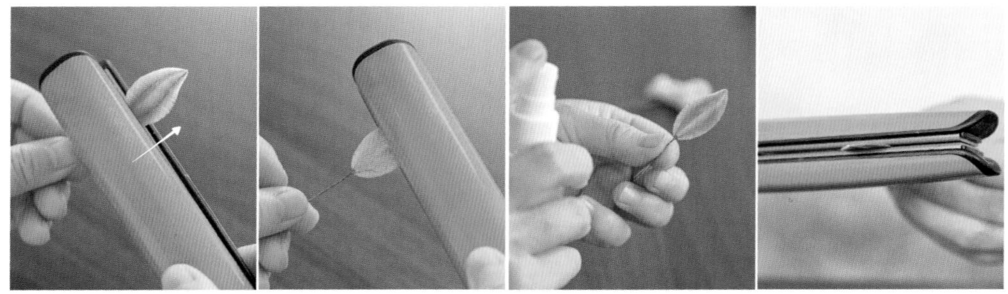

3 用预热好的夹板从下往上将叶子夹平，将定型喷雾喷到叶子两面，再用夹板夹一次定型。

4 扁形叶子就做好了。

**小技巧：** 为了让叶子尽可能扁平不反弹，喷完定型喷雾后往往需要用夹板再夹一次。预热好的夹板不要在一处停留太久，否则会烫坏绒条。

## 花朵部分

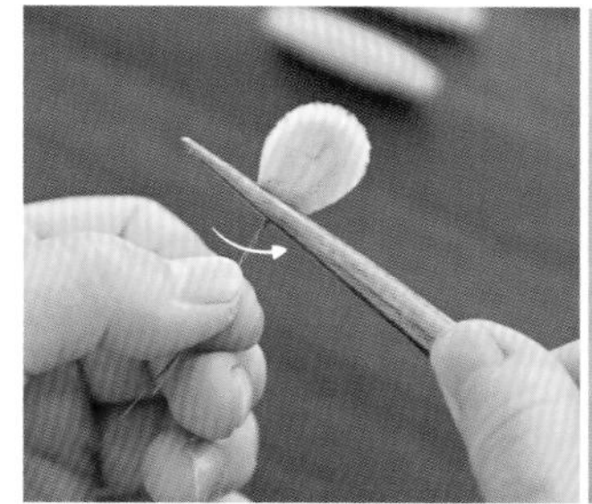

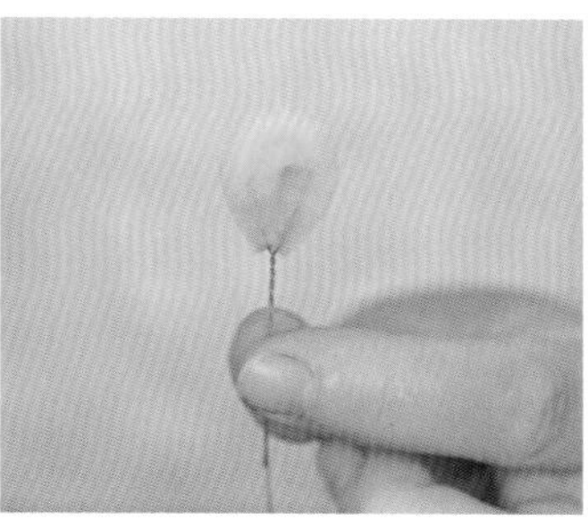

1 先做花瓣。将打尖完的粉色绒条弯曲，两端铜丝并在一起，右手用镊子夹住花瓣下端，左手拇指从左往右推，将铜丝捻成螺旋状。1片花瓣就做好了。

2 按步骤1的方式，依次做好5片花瓣。

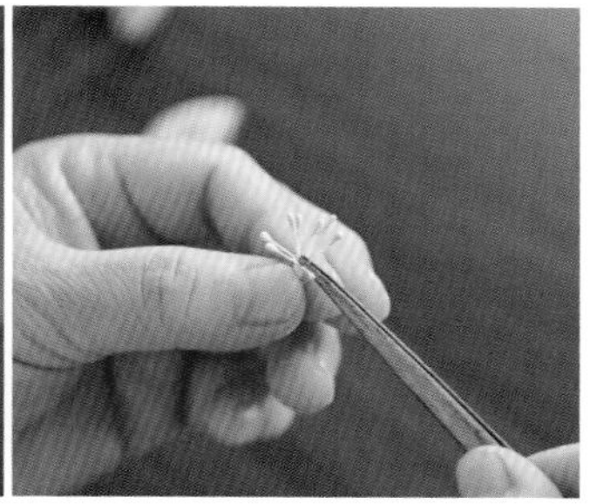

3 用镊子取4根黄色花蕊从中间对折，向外撇调整造型。

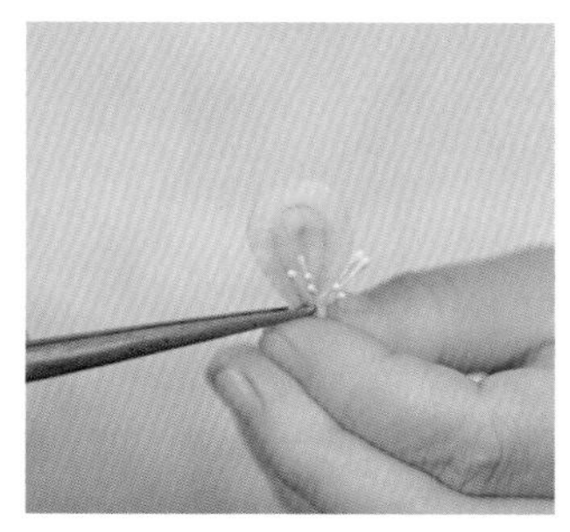

4 花蕊旁加上1片花瓣。

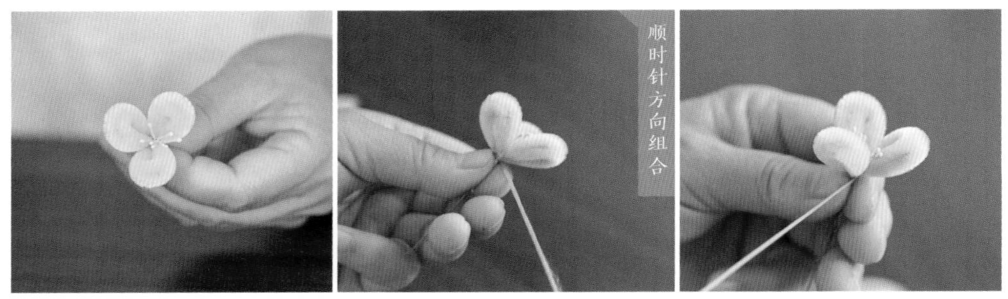


5 顺时针依次加上第2片、第3片花瓣，用浅绿色丝线缠绕铜丝几圈。

6 加上剩下的2片花瓣后，再用丝线缠绕铜丝几圈做固定。用镊子调整相邻花瓣的角度，尽可能一致。

7 传花完成。用镊子将花瓣往里弯曲做造型。

小技巧：绒条的材料是蚕丝，很容易变形。如果担心传花时花型会变，可以每加上1片花瓣，就缠绕几圈丝线。

# 组装

用丝线将各个造型主体材料合并缠绑、组装成型。

*1* 将花朵和叶子组合在一起，用丝线缠绕铜丝约1厘米长，用剪刀剪去底部的铜丝。

*2* 簪子主体一端蘸取少量树脂胶，粘在图中位置。用丝线裹住簪子的顶端继续缠绕。

*3* 用丝线缠绕簪子约1厘米长，剪掉丝线。用镊子蘸取少量树脂胶将线头固定。

*4* 用镊子将花弯折一下，这样一个基础花型的组装就完成了。

# 绒排配色方案

注：配色方案颜色名称来自《中式色卡》，岭南美术出版社，2020年3月。

# 饰品制作范例

# 翠竹

团扇不摇风自举，盈盈翠竹，纤纤白苎，不受些儿暑。

青玉案 庭下石榴花乱吐（节选） 【明】文徵明

中国传统绘画的“青绿法”呈现在精贵的蚕丝上，或重彩，或轻盈，色如宝石，光彩夺目。这般层层叠翠，为竹叶胸针增添了一丝传奇色彩。

## 材料与工具

- 绒条 ▪丝线 ▪单股簪 ▪黄色花蕊
- 木尺 ▪传花剪刀 ▪剪铜丝剪刀 ▪镊子 ▪夹板 ▪定型喷雾 ▪树脂胶

### 花朵部分

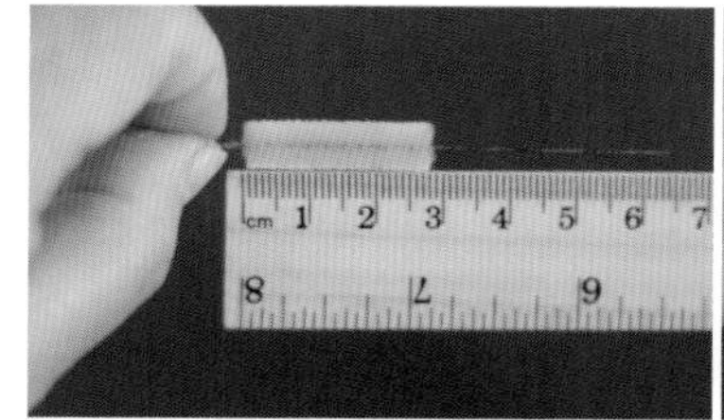
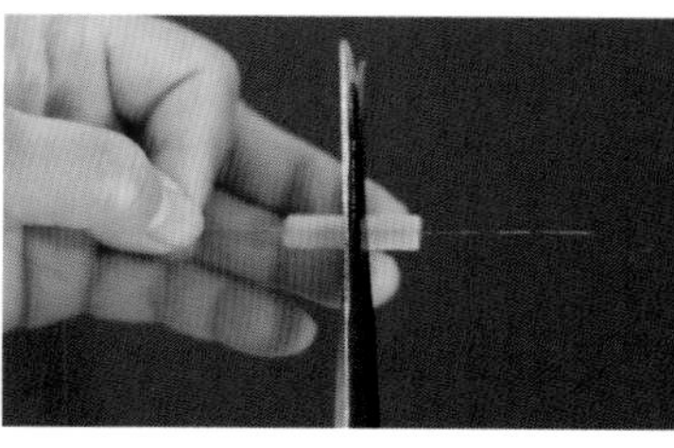
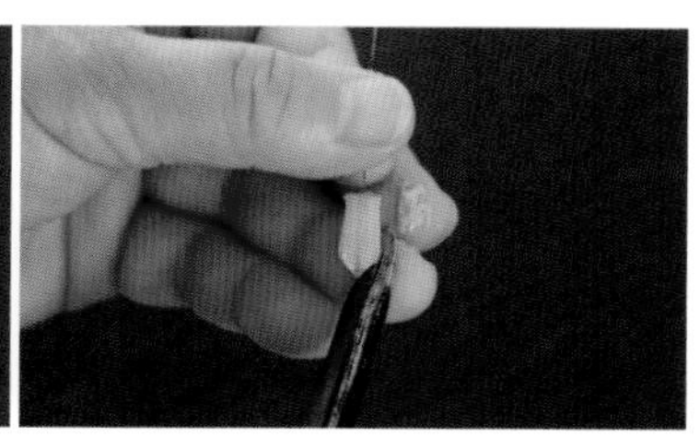

1 准备14根约3厘米长的黄色绒条，用剪刀从中间剪开，根据花瓣形态用传花剪刀打尖。

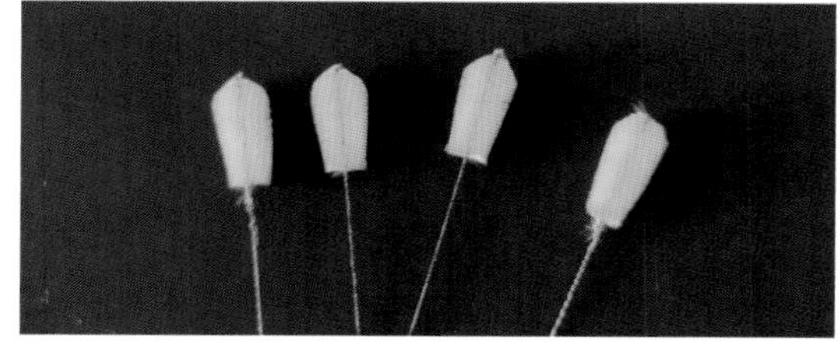

2 每4根短绒条可以组成1朵小桂花。

3 取1根黄色花蕊，从中间剪开。

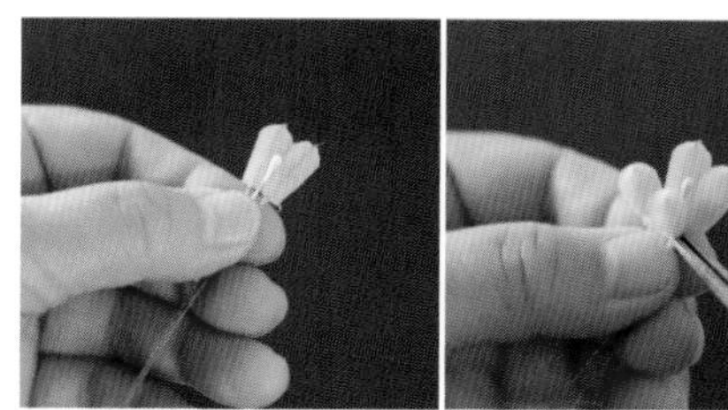

4 取半根花蕊，依次加上4片花瓣，用1根绿色丝线缠绕铜丝约1.5厘米长。

5 剪掉丝线，底部线头用树脂胶固定。

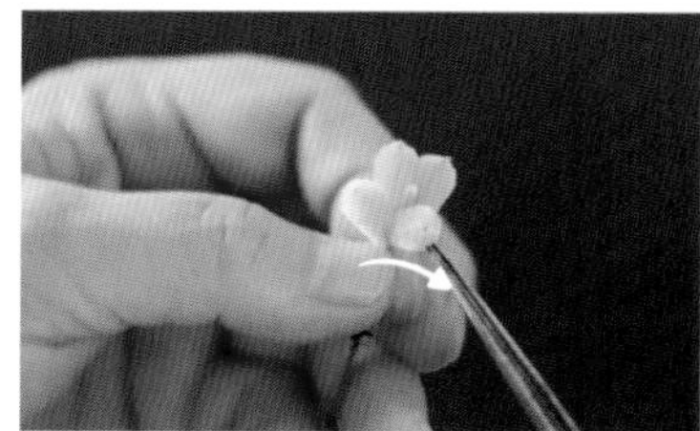

6 用镊子将花瓣顶部轻轻往外拉，做出桂花绽放的样子。

7 重复“花朵部分”步骤3~6，做好7朵桂花。

## 叶子部分

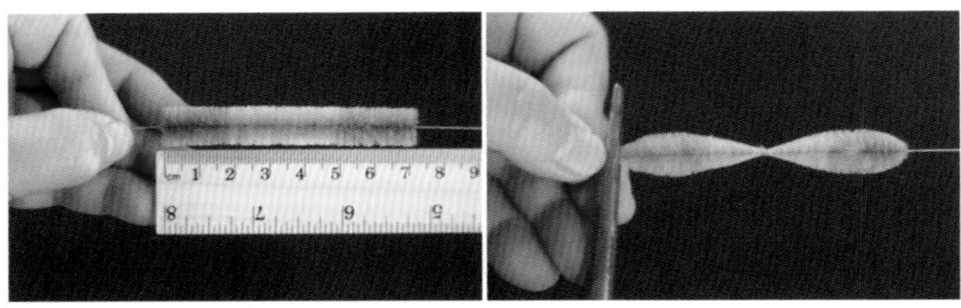

1 准备4根约7厘米长的绿色、浅绿色渐变绒条，根据叶子形态对半打尖。

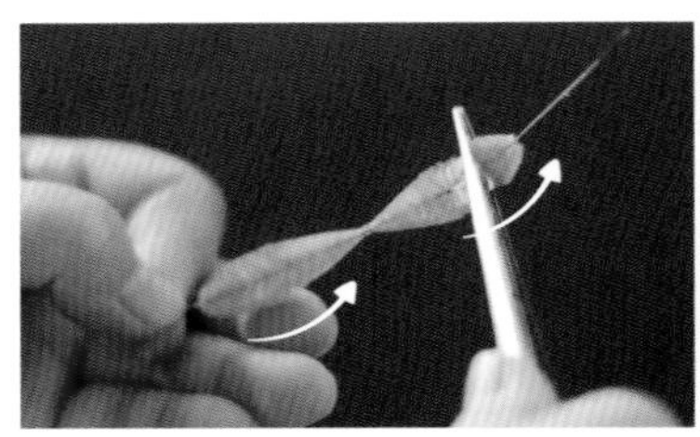
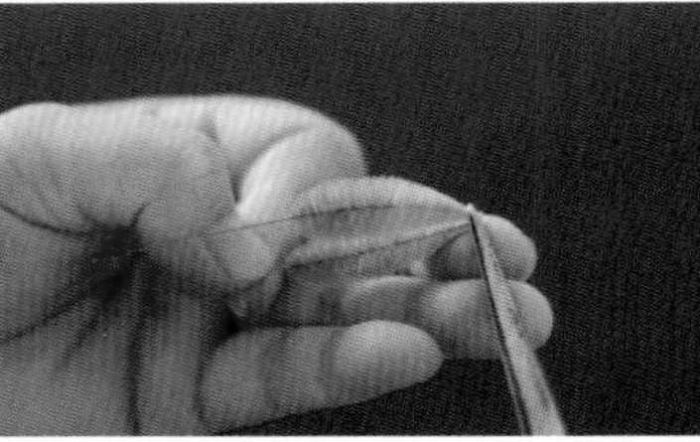

2 用镊子稍微划弯绒条，做出叶子边缘的弧度，之后夹住绒条中间位置，将绒条对折。用镊子夹住叶子下方，左手捻紧铜丝，固定好。

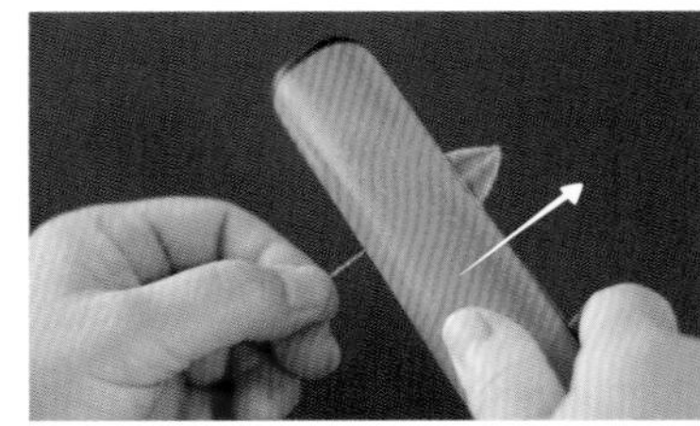

3 用预热好的夹板从下往上夹平叶子，将定型喷雾喷到叶子两面，再用夹板夹一次定型。

4 重复“叶子部分”步骤2和3，做好4片叶子。

## 组装

1 取1片叶子，用红褐色丝线缠绕几圈。加上第2片叶子，继续缠绕几圈。

2 在叶子下面先加上2朵桂花，用丝线缠绕铜丝约0.5厘米长。

3 在如图所示位置，再依次加上第3~7朵桂花，用丝线缠绕铜丝约0.5厘米长。

4 在桂花背面的右侧和左侧分别加上1片叶子，用丝线缠绕铜丝约1厘米长。

5 用剪铜丝剪刀剪去底部多余的铜丝。

6 取1根单股簪，一端蘸取少量树脂胶，与铜丝重合约0.5厘米长，继续用丝线缠绕簪子约1厘米长。

7 剪掉丝线，底部线头用树脂胶固定。

8 用镊子做调整，使桂花排布均匀，造型更美观。

9 桂花发簪成品。

# 桃花

桃花浅深处，似匀深浅妆。春风助肠断，吹落白衣裳。

桃花 【唐】元稹

“桃花春色暖先开，明媚谁人不看来。”盛放的桃花有无限生命力，是四月芳菲的代名词。在中国，桃花是爱情的象征，将这朵开不败的桃花发簪戴在发间，表达对甜蜜、美好爱情的憧憬。

## 材料与工具

▪绒条 ▪丝线 ▪波浪U形簪 ▪珍珠配件 ▪生铜丝 ▪黄色花蕊
▪木尺 ▪传花剪刀 ▪剪铜丝剪刀 ▪镊子 ▪夹板 ▪定型喷雾 ▪树脂胶

### 花朵部分

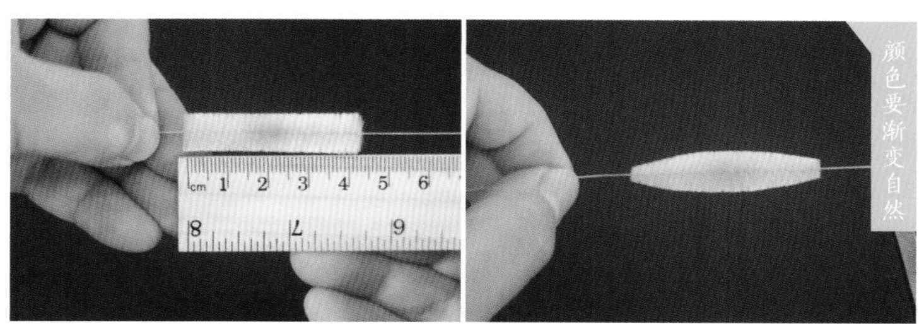


1 准备15根约4厘米长的白色、粉色渐变绒条，用传花剪刀两头打尖。

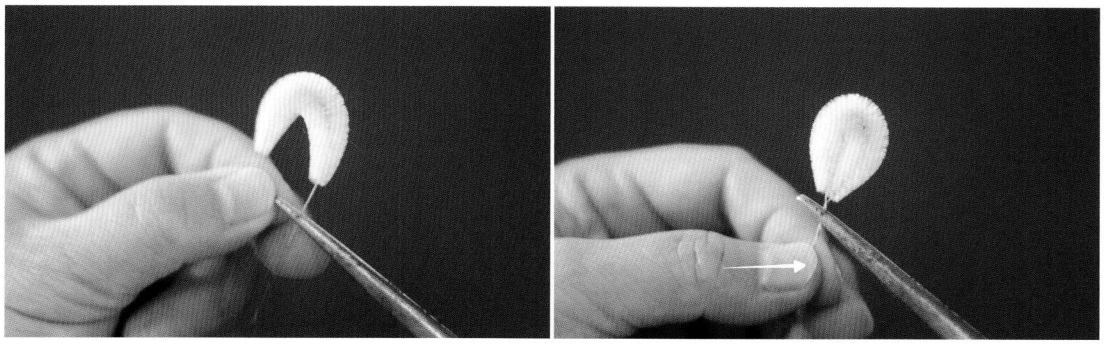

2 将打尖完的绒条弯曲，右手用镊子夹住花瓣底部铜丝，左手捻紧铜丝，固定好。

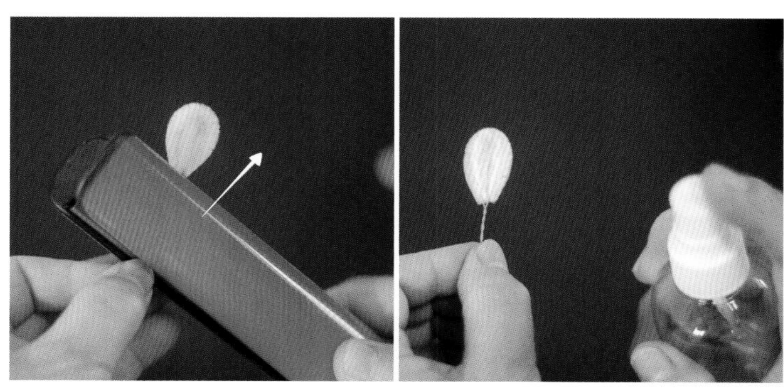

3 用预热好的夹板从下往上夹平花瓣，将定型喷雾喷到花瓣两面，再用夹板夹一次定型。

4 重复“花朵部分”步骤2和3，做好全部15片花瓣。

5 用镊子取3根黄色花蕊对折。先加上1片花瓣，用1根浅绿色丝线缠绕几圈。然后加上2片花瓣，再用丝线缠绕几圈。

6 再加上剩余2片花瓣，用丝线缠绕铜丝约2厘米长。

7 剪掉丝线，底部线头用树脂胶固定。

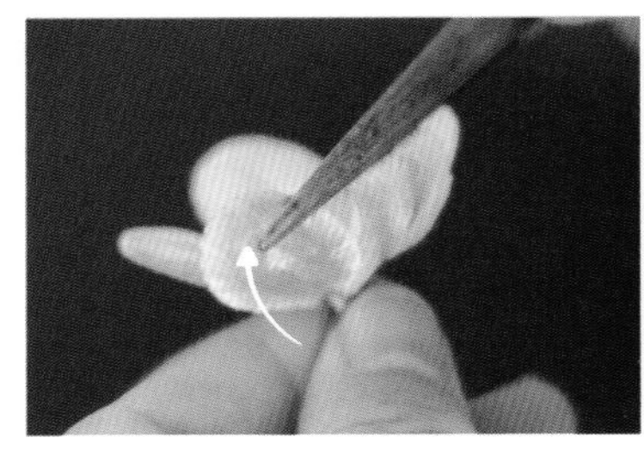

8 用镊子将花瓣往里弯曲，做出桃花的造型。

9 重复“花朵部分”步骤5~8，做好全部3朵桃花。

## 叶子部分

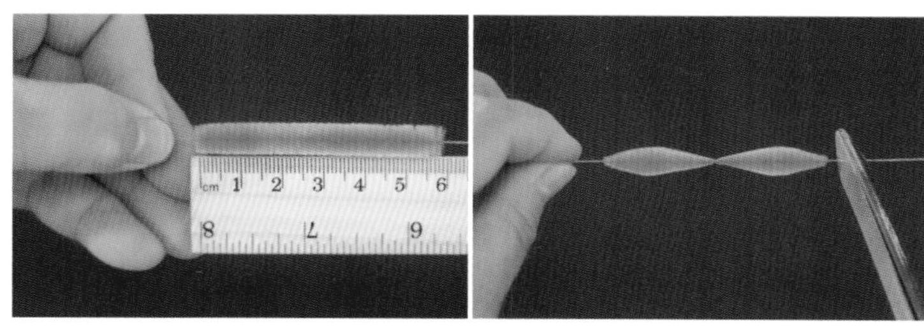

1 准备3根约6厘米长的草绿色绒条，根据叶子形态用传花剪刀对半打尖。

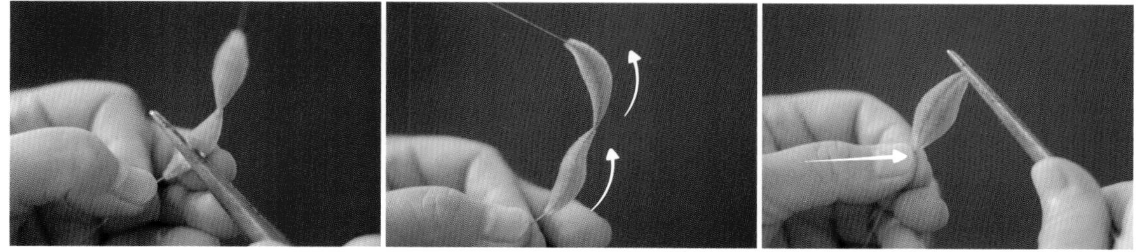

2 用镊子稍微划弯绒条，做出叶子边缘的弧度，之后从中间夹住，将绒条对折。右手用镊子夹住叶子顶部，左手捻紧铜丝，固定好。

3 重复“叶子部分”步骤2，做好全部3片叶子。

4 取1片叶子，用1根墨绿色丝线缠绕几圈。

5 依次加上第2片和第3片叶子，用丝线缠绕铜丝约2厘米长。剪掉丝线，底部线头用树脂胶固定。

6 用镊子调整叶片的形态。

## 配件部分

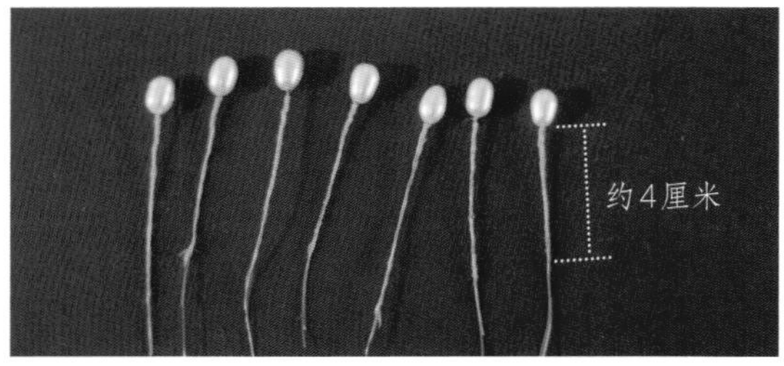


1 用做蝴蝶触角的方法(见第149页)，做出7个珍珠小配件。铜丝用浅绿色丝线缠绕约4厘米长。

2 取1个配件，用1根浅绿色丝线缠绕几圈，依次在两侧加上1对配件。每加1对，就用丝线缠绕铜丝约0.5厘米长。

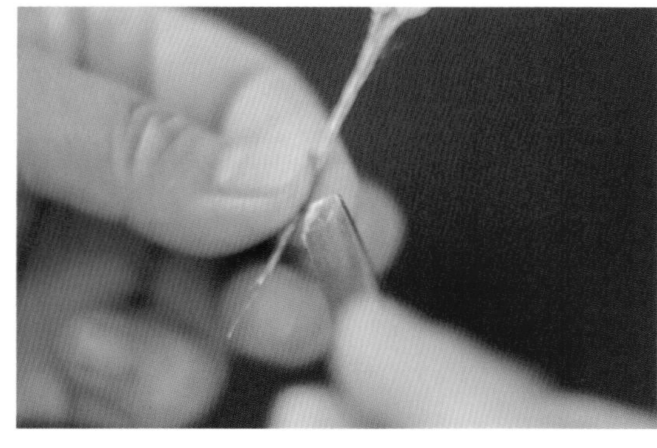

3 第3对配件加上后，用丝线缠绕铜丝约3厘米长，剪掉丝线，底部线头用树脂胶固定。

4 配件制作完成。

## 组装

1 取1朵桃花，用镊子弯曲花秆。

2 加上配件，用墨绿色丝线缠绕几圈，再加上叶子。

3 重复“组装”步骤1，用镊子弯曲第2朵和第3朵桃花的花秆。

4 依次加上第2朵和第3朵桃花，用丝线缠绕铜丝约1厘米长。

5 用剪铜丝剪刀剪去底部多余的铜丝。

6 取1根波浪U形簪，左侧簪子主体与花枝重合约1厘米，用墨绿色丝线缠绕。

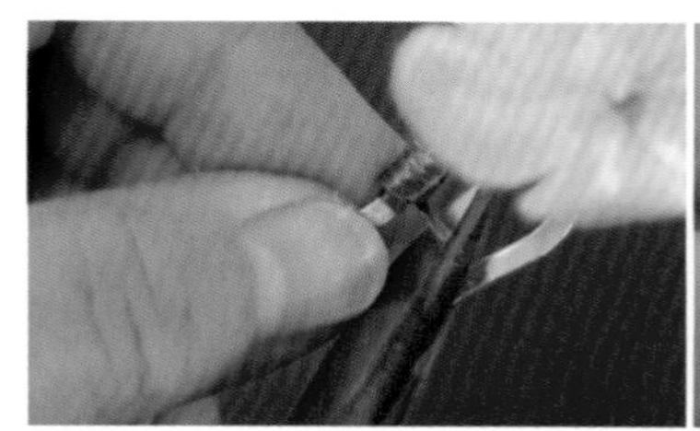

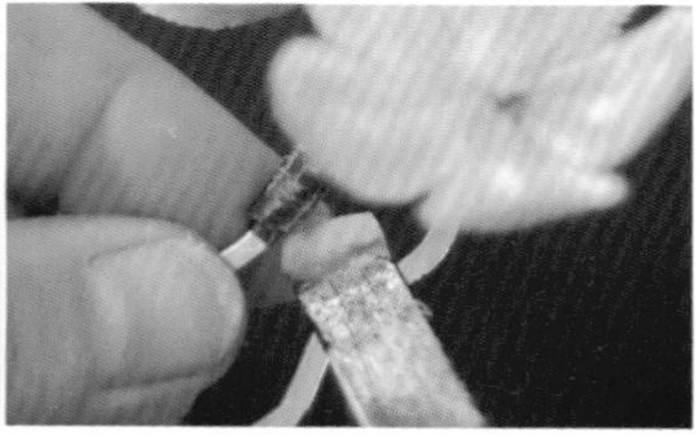

7 丝线缠绕约0.5厘米长时，剪掉丝线，底部线头用树脂胶固定。

8 用镊子调整花瓣和叶片，使整体的造型更美观。

9 桃花发簪制作完成。

# 铃兰

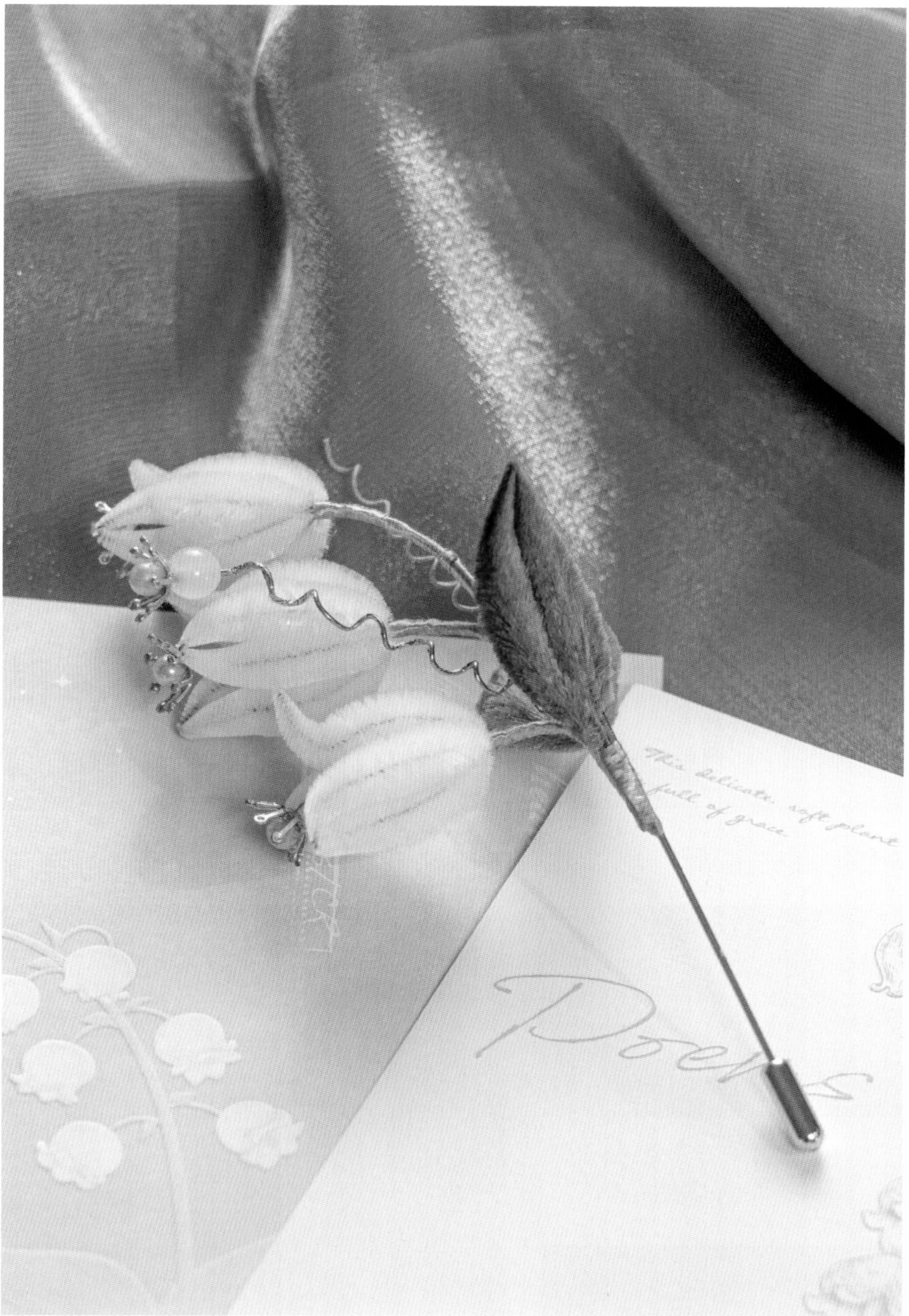

铃兰株形小巧，形似铃铛，微风吹过，花苞便轻轻摇摆，玲珑可爱。它是纯洁、幸福的象征，向人们传达幸福到来的讯息。用非遗绒花技艺制成的铃兰洁白如玉，有着似真实花朵的光泽感，浅浅的花痕也栩栩如生。佩戴这款铃兰胸针，静待幸运降临。

## 材料与工具

▪绒条 ▪丝线 ▪胸针 ▪单股簪 ▪粗、细生铜丝 ▪退火铜丝 ▪珍珠 ▪合金花托配件
▪木尺 ▪传花剪刀 ▪剪铜丝剪刀 ▪镊子 ▪夹板 ▪定型喷雾 ▪树脂胶 ▪珠宝胶

### 花蕊和配件部分

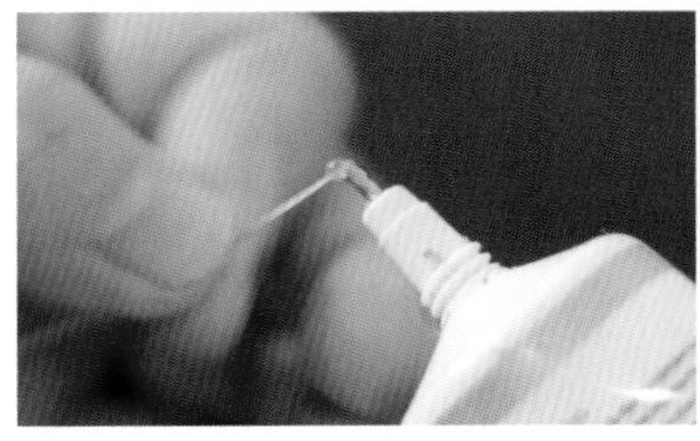
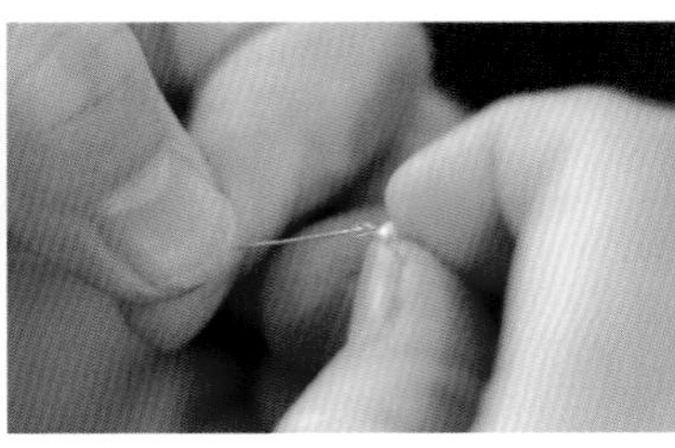
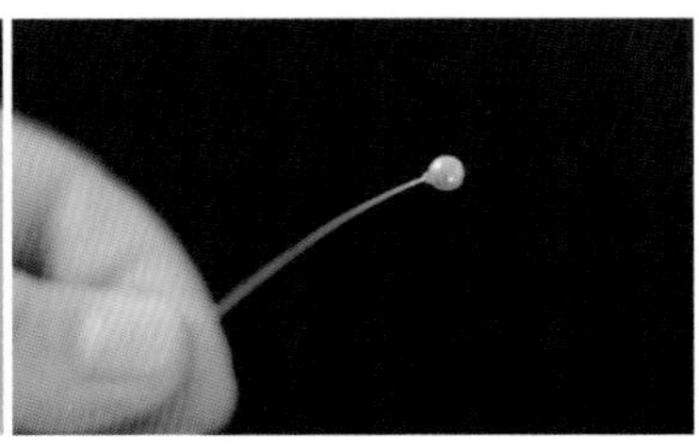

1 取1根粗生铜丝，在顶端挤少量珠宝胶，粘上香槟色珍珠，晾5分钟左右。

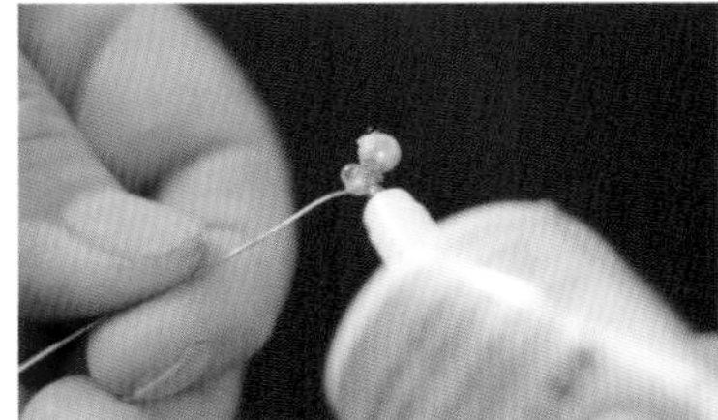

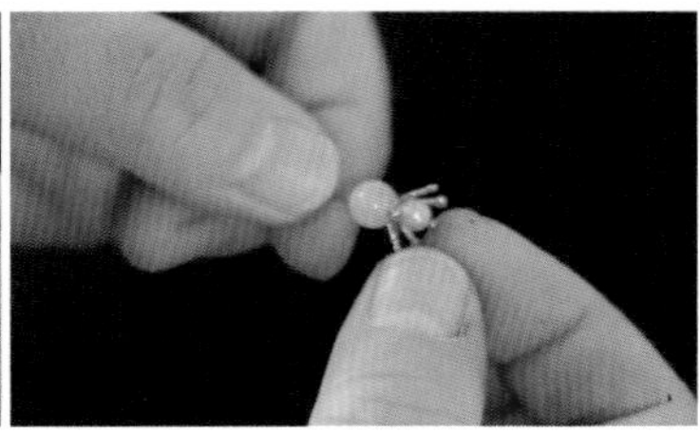

2 在接头处的周围再挤少量珠宝胶，将合金花托配件和乳白色珍珠依次从生铜丝底部穿入。

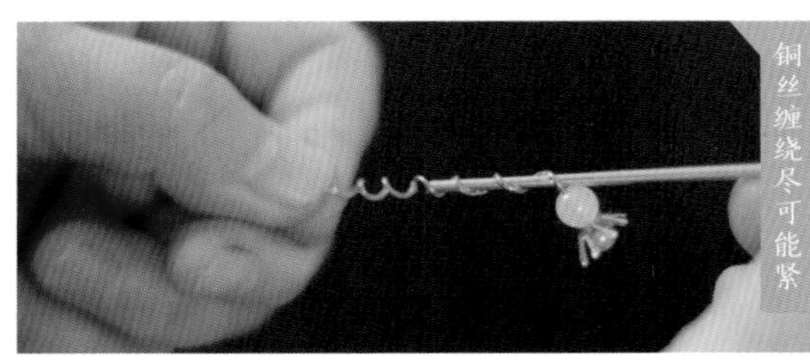


3 将粗生铜丝一圈一圈缠绕在单股簪上，随后慢慢取下簪子，做出弹簧状的配件。

4 按照上述步骤1和2的方法，用细生铜丝做好如图所示的3根花蕊。

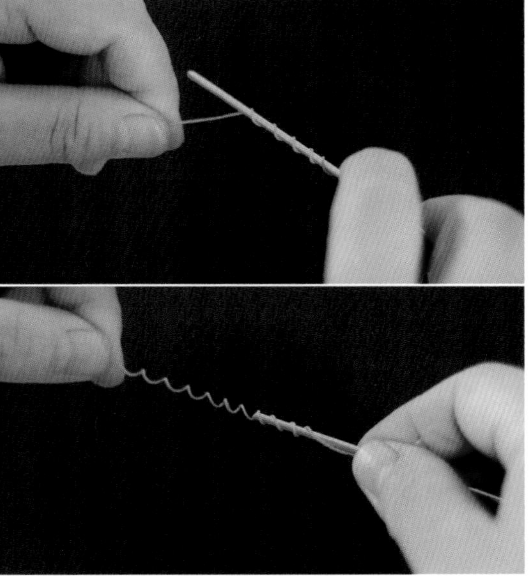

5 按照上述步骤3的方法，将1根缠绕好浅绿色丝线的退火铜丝做成弹簧状的藤蔓。

## 花朵部分

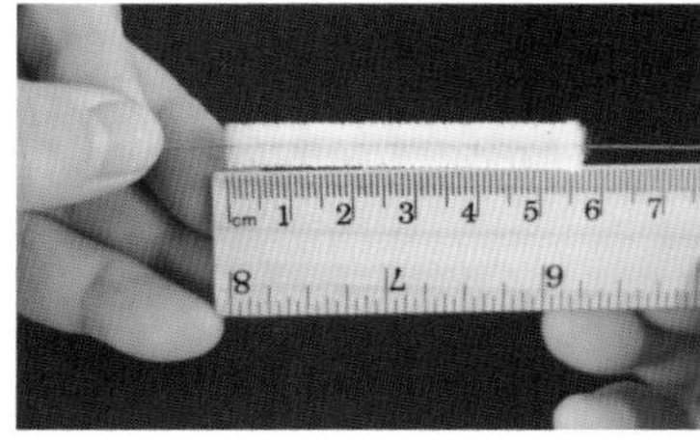
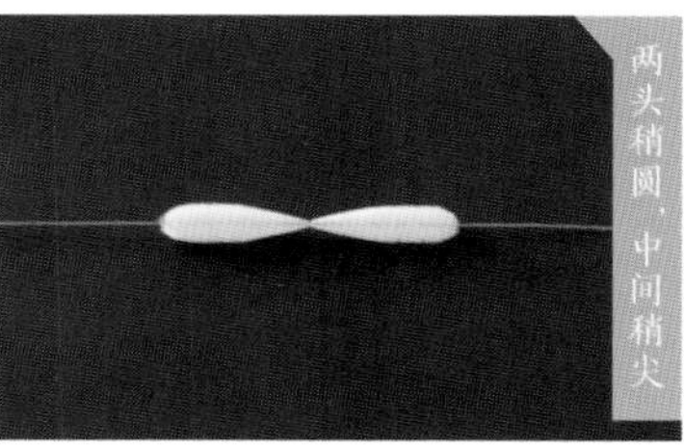


1 准备9根约5.5厘米长的白色绒条，根据花瓣形态用传花剪刀对半打尖。

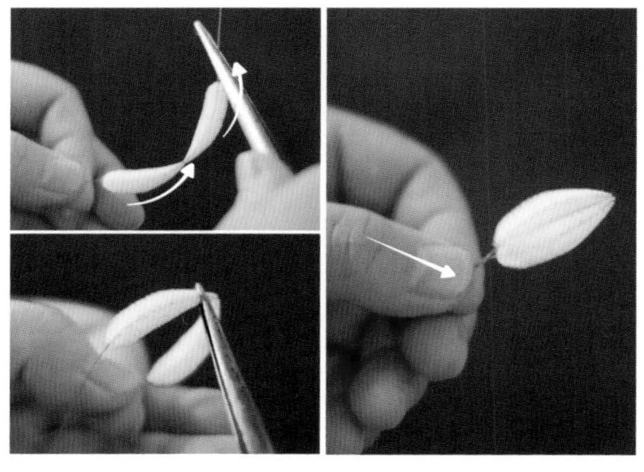

2 用镊子稍微划弯绒条，做出花瓣边缘的弧度，之后从中间夹住绒条对折。右手用镊子夹住花瓣，左手捻紧铜丝，固定好。

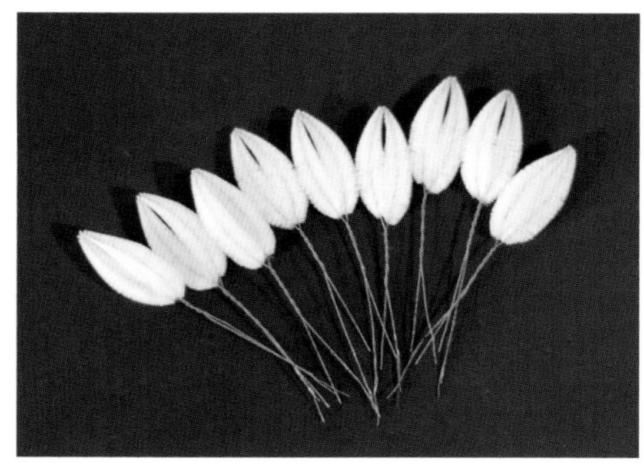

3 重复“花朵部分”步骤2，做好全部9片花瓣。

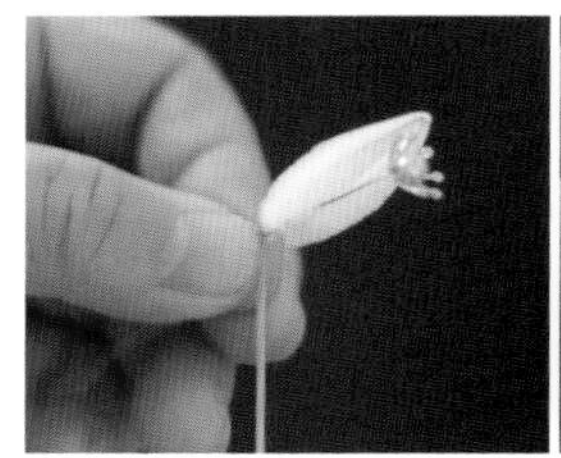

4 取1根花蕊和1片花瓣，用浅绿色丝线缠绕几圈。依次加上第2片和第3片花瓣。

5 用镊子弯曲花瓣，做出铃兰的钟状造型。

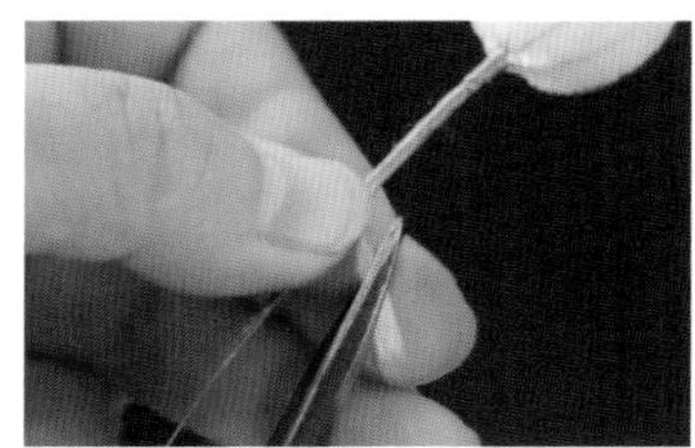

6 塑形后用丝线缠绕铜丝约3厘米，底部用树脂胶固定。

7 用镊子弯曲花秆，做出铃兰花朵下垂的特点。

8 1朵铃兰成品制作完成。重复“花朵部分”步骤4~7，做好全部3朵铃兰。

## 叶子部分

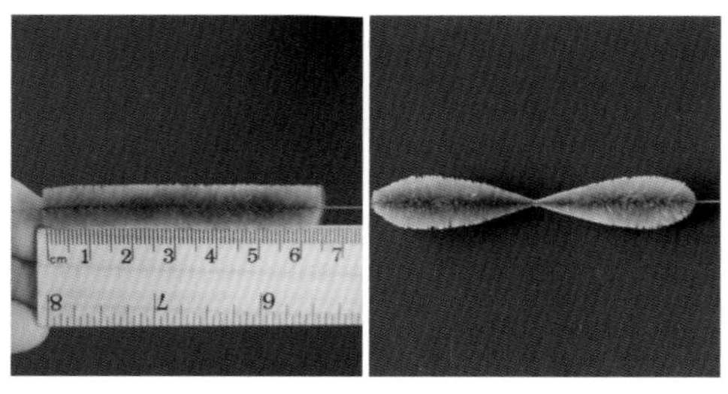
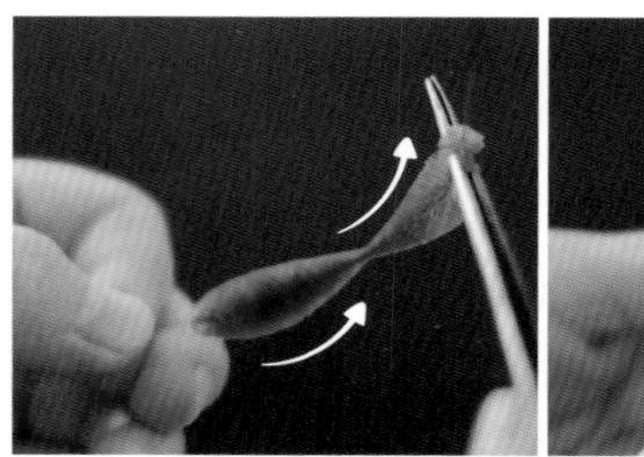

1 准备2根约6.5厘米长的绿色绒条，根据叶子形态对半打尖。

2 用镊子做出叶子边缘弧度，然后将绒条对折。右手用镊子夹住叶子底部，左手捻紧铜丝，固定好。

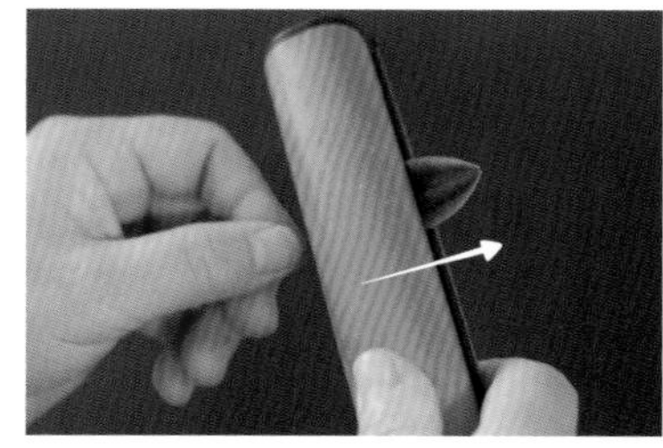

3 用预热好的夹板从下往上夹平叶子，将定型喷雾喷到叶子两面，再用夹板夹一次定型。

4 重复"叶子部分"步骤2和3，做好2片叶子。

## 组装

1 取2朵铃兰，上下排列，用丝线缠绕铜丝约1厘米长。再加上1朵铃兰，继续缠绕几圈。

2 加上弹簧状的藤蔓和1片叶子，用丝线缠绕几圈。

3 加上第2片叶子和配件，用丝线缠绕几圈。

4 用剪铜丝剪刀剪去底部多余的铜丝。

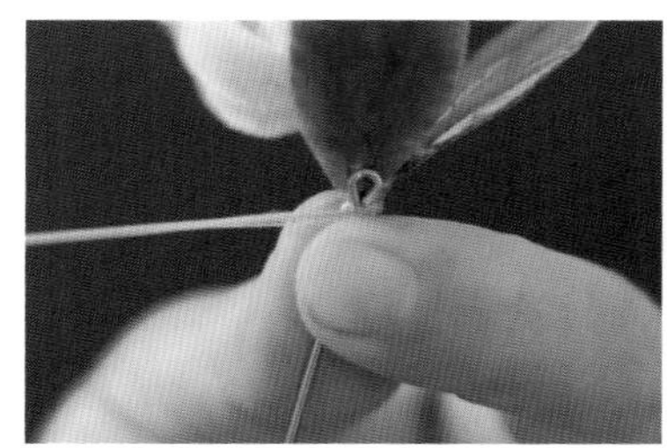

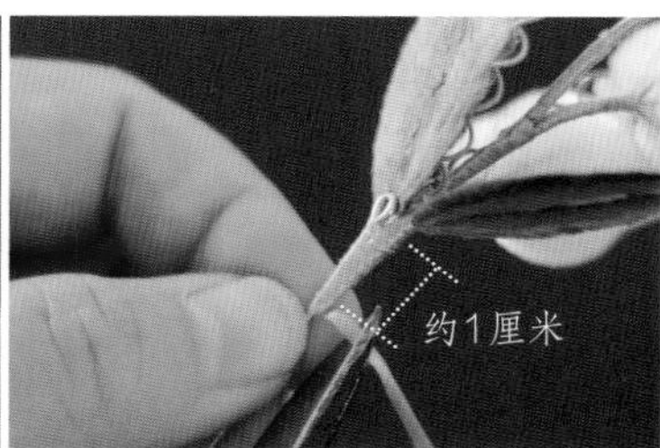

5 取1根胸针，胸针主体与铜丝重合约1厘米。用丝线缠绕胸针约1厘米长，剪掉丝线，底部线头用树脂胶固定。

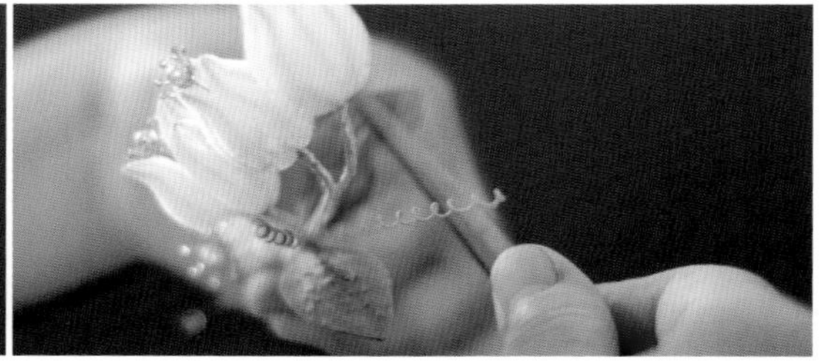

6 用镊子调整花瓣、叶子和枝干，使整体的造型更灵动。

7 铃兰胸针制作完成。

# 兰花

兰花

【明】张天赋

碧影摇阶春昼长，天然灵卉异群芳。东风真解幽人意，时递清香入讲堂。

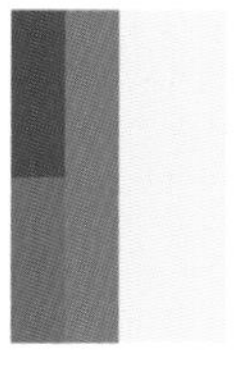

枝叶修长舒展，花朵玲珑秀雅，盛开的兰花气质脱俗。以花中君子——兰花作为原型，蚕丝为肉，铜丝为骨，制作成可佩戴的发饰，寓意高洁典雅、气韵温和。

## 材料与工具

▪绒条 ▪丝线 ▪退火铜丝 ▪波浪U形簪 ▪白色花蕊 ▪珍珠 ▪小花配件
▪木尺 ▪传花剪刀 ▪剪铜丝剪刀 ▪镊子 ▪树脂胶 ▪珠宝胶

### ❖ 花朵部分

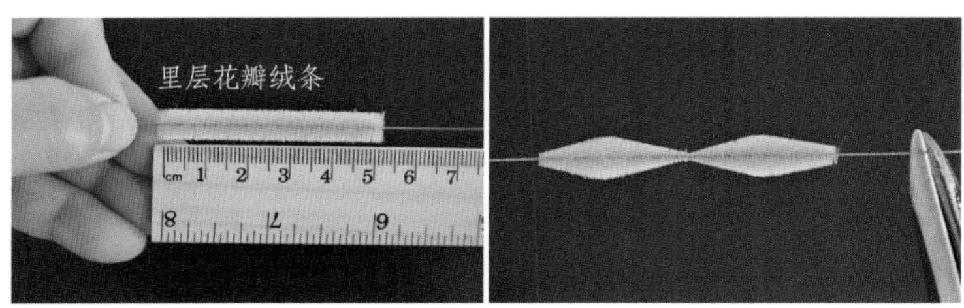


1 准备6根约5厘米长的浅绿色绒条，根据花瓣形态用传花剪刀对半打尖。

2 用镊子稍微划弯绒条，做出花瓣边缘的弧度，然后将绒条对折。右手用镊子夹住叶子，左手捻紧铜丝，固定好。

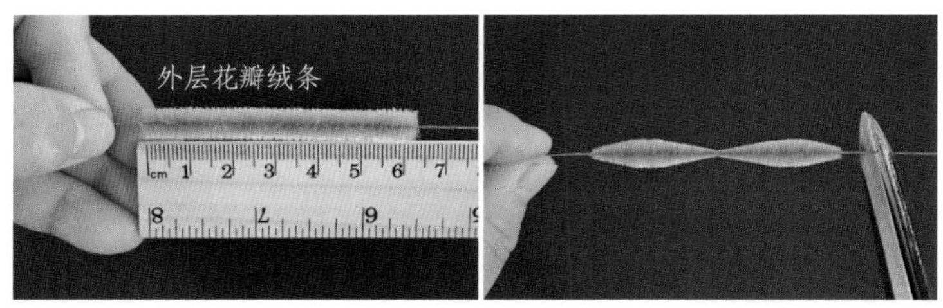


3 准备6根约6厘米长的水绿色绒条，根据花瓣形态用传花剪刀对半打尖。

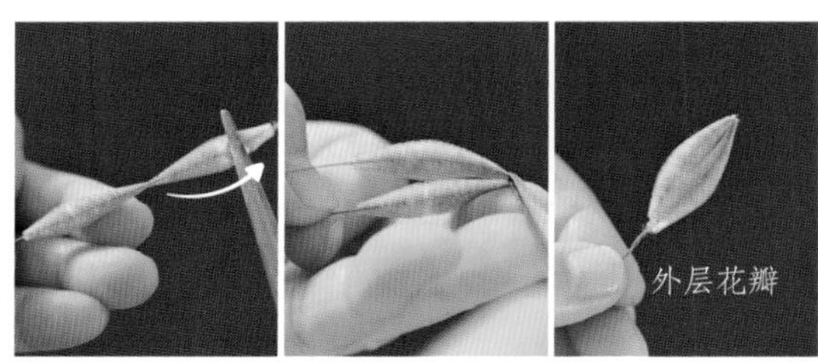


4 重复“花朵部分”步骤2，做出外层花瓣。

5 做好全部6片外层花瓣和6片里层花瓣。

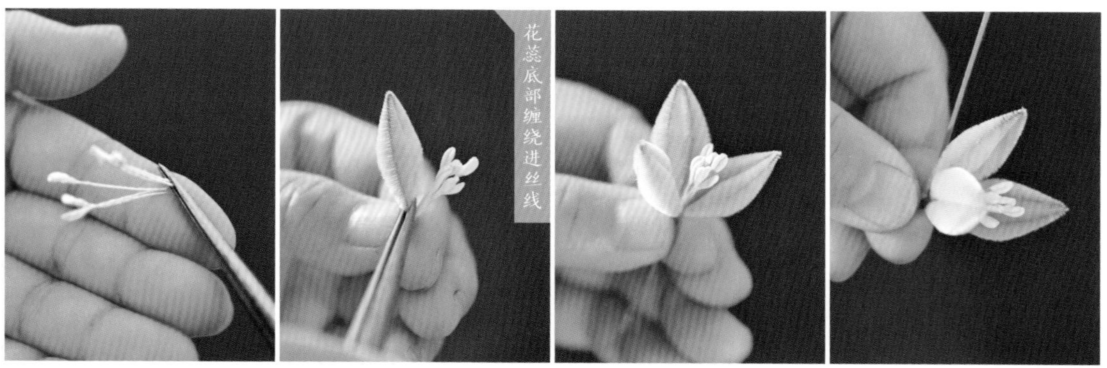


6 用镊子取3根白色花蕊对折，依次加上3片里层花瓣，用绿色丝线缠绕几圈。

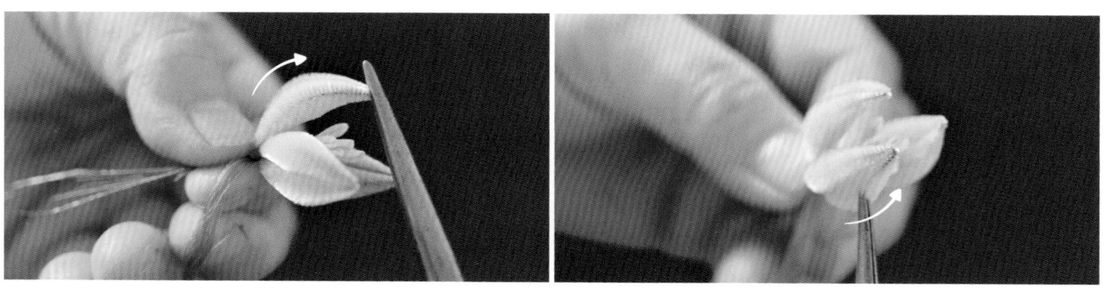

7 用镊子将花瓣往里弯曲，做出花瓣微微内收的状态。

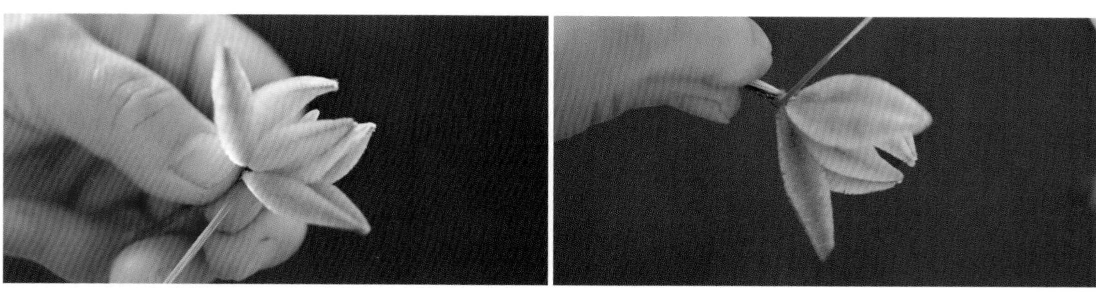

8 依次加上3片外层花瓣，用丝线继续缠绕。

9 丝线缠绕铜丝约3厘米长，剪掉丝线，底部线头用树脂胶固定。

10 用镊子将外层花瓣往外翻，1朵兰花制作完成。用同样的方法制作第2朵兰花。

## 叶子部分

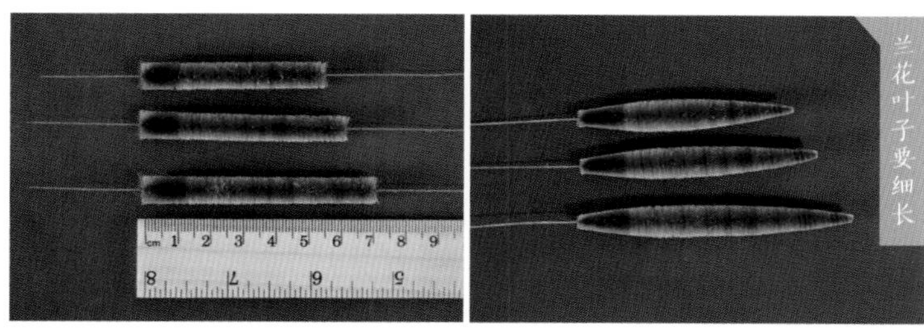


准备3种长度不一的深绿色、绿色渐变绒条各1根，长度分别为约5.5厘米、约6厘米和约7厘米。用传花剪刀两头打尖。

## 配件部分

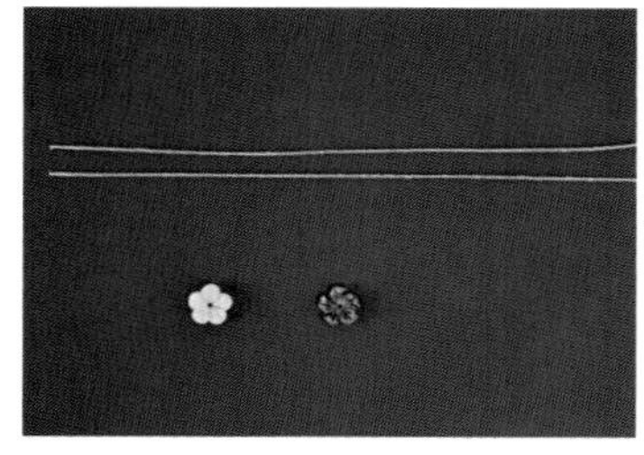

1 准备2根缠绕好浅绿色丝线的退火铜丝，以及2朵小花配件。

2 将黄色小花穿过1根缠绕好丝线的铜丝，到铜丝中间位置时将铜丝对折，拧成螺旋状。

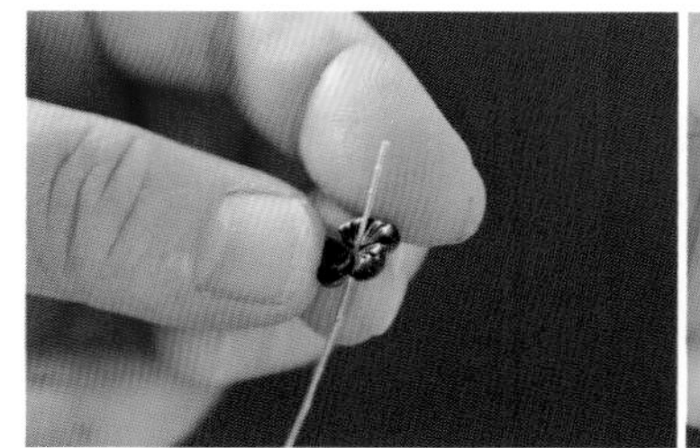

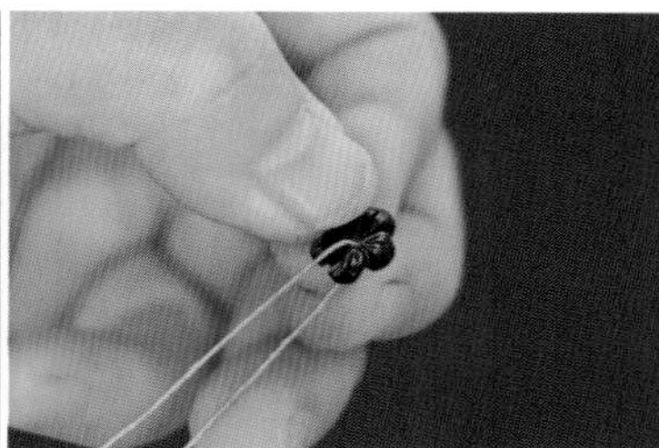

3 按照“配件部分”步骤2的方法，用缠绕好丝线的铜丝串上黑色小花，拧好。

4 2个配件制作完成。

小技巧：为了避免绒花款式中露出配件的铜丝部分，铜丝都需要提前用丝线缠绕好。

## ❁ 组装

1 取1朵兰花，用镊子弯曲花秆。用1根绿色丝线并在如图位置。

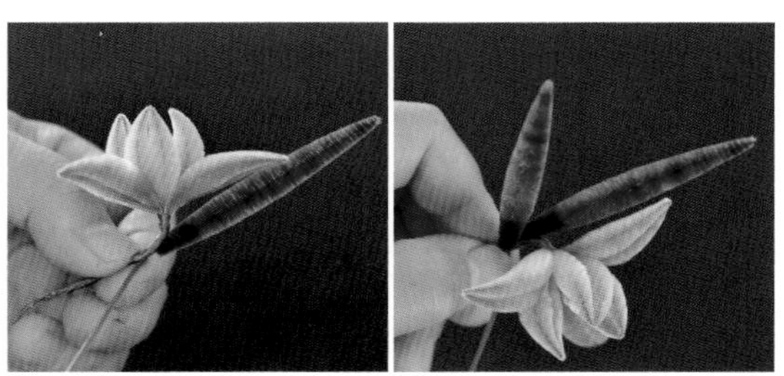

2 依次加上中等长度的叶子和短的叶子，用丝线继续缠绕几圈。

3 再依次加上黑色小花配件、第2朵兰花和黄色小花配件。

4 最后加上长的叶子，用丝线继续缠绕铜丝约0.5厘米长。

5 用剪铜丝剪刀剪去底部多余的铜丝。

## 叶子部分

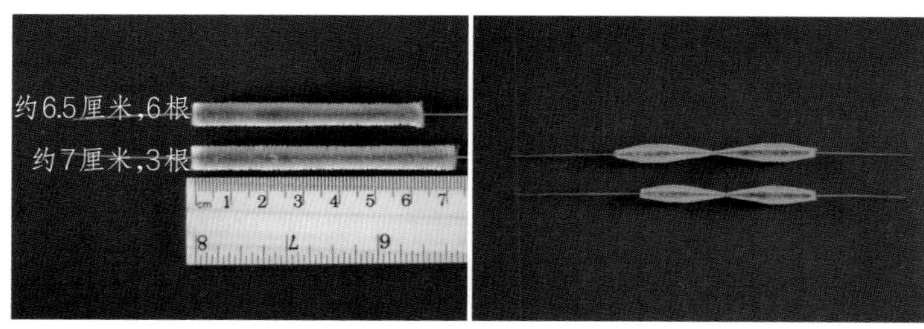


1 准备2种长度不一的水绿色绒条，长度和数量如图所示。用传花剪刀对半打尖。

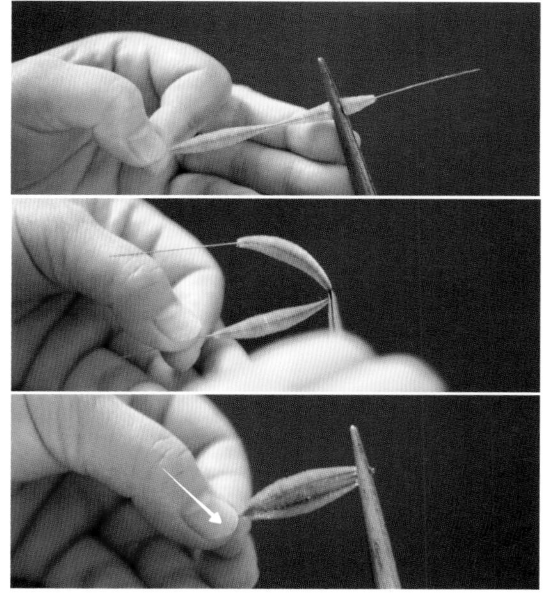

2 将长绒条用镊子稍微划弯，做出叶子边缘的弧度，之后从中间夹住将绒条对折。右手用镊子夹住叶子顶部，左手捻紧铜丝，固定好。

3 将对半打尖的短绒条，用剪刀从中间剪断。

4 取4根对半剪开的短绒条分别并在对折绒条两侧，每侧各2根，捻紧铜丝，固定好。用镊子分别给两侧的短绒条做造型，往中间弯曲靠拢。

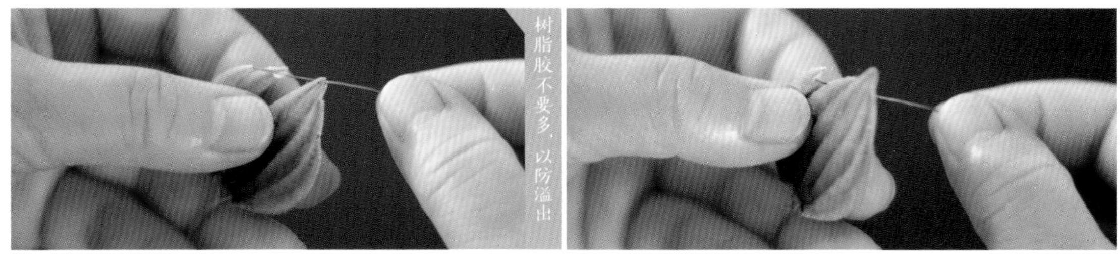


5 取1根铜丝蘸少量树脂胶，涂在叶子顶部间隙处，做固定。

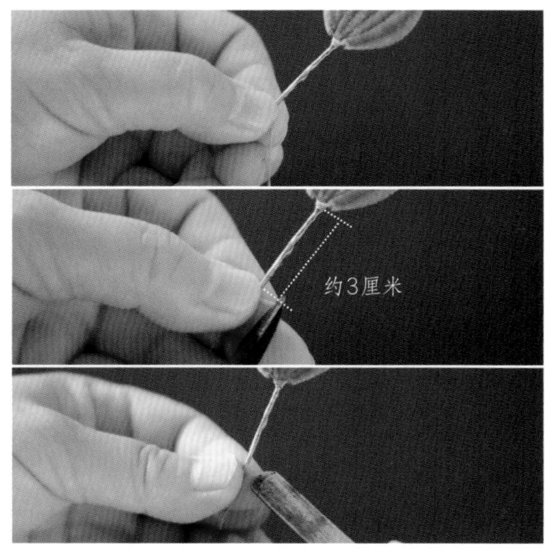


6 取1根水绿色丝线，缠绕铜丝约3厘米长，剪掉丝线，底部线头用树脂胶固定。

7 重复“叶子部分”步骤4~6，做好全部3片叶子。

## 花蕊部分

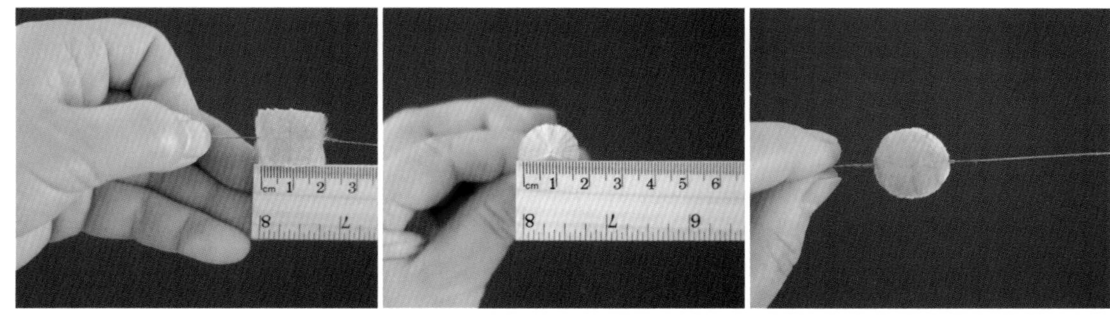

准备1根长约2厘米、直径不到2厘米的黄色、橙色混色绒条，用传花剪刀球形打尖。

## 组装

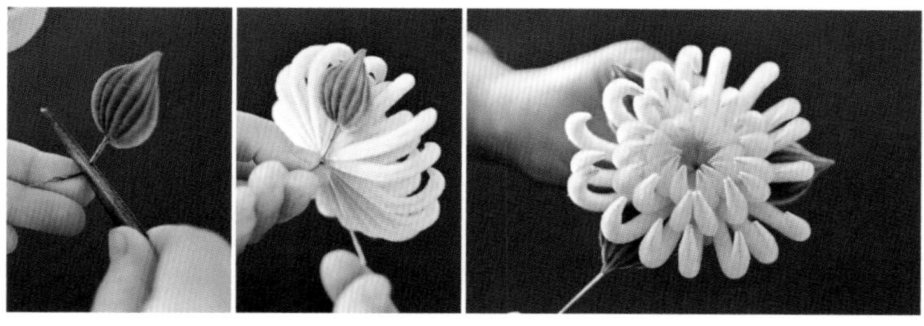

1 取1片叶子，用镊子弯曲叶柄，加在菊花底部。依次加上另外2片叶子，叶子间呈120° 角。

2 用剪铜丝剪刀剪去底部多余的铜丝。

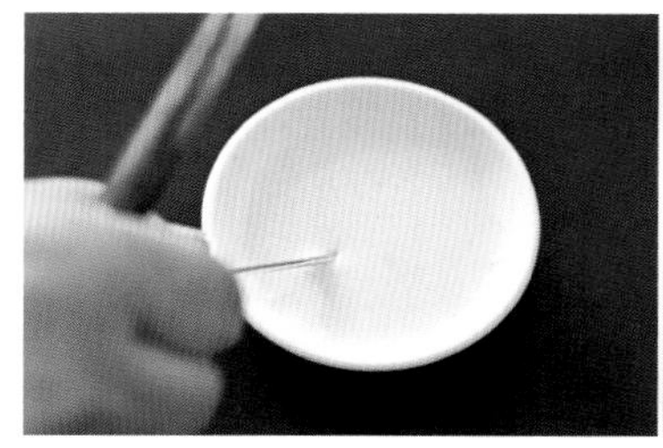

3 取1根单股簪，一端蘸取少量树脂胶，与铜丝重合约0.5厘米长，用丝线缠绕簪子。

4 剪掉丝线，底部线头用树脂胶固定。

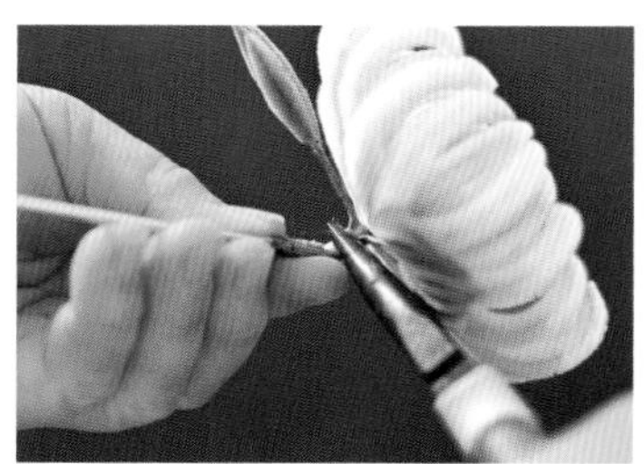

5 用老虎钳将花秆折弯90° 。

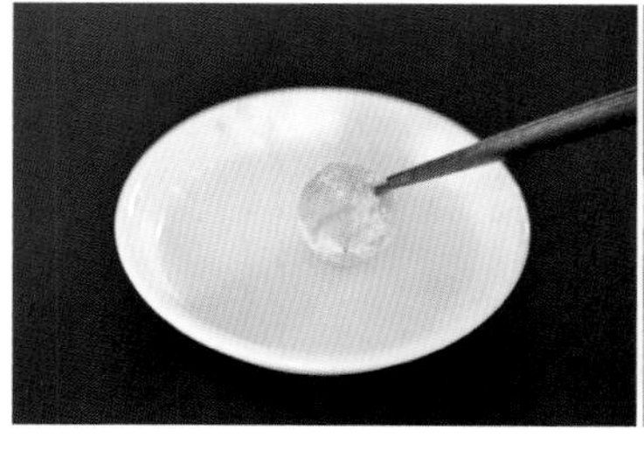

需提前将里层花瓣拔开

6 将花心两头的铜丝剪掉。用镊子取花心，蘸取少量树脂胶，嵌进菊花花心处，晾5分钟左右。

7 菊花发簪制作完成。

# 牡丹

庭前芍药妖无格，池上芙蕖净少情。唯有牡丹真国色，花开时节动京城。

赏牡丹　【唐】刘禹锡

牡丹是中国国花、百花之王，代表着富贵吉祥、端庄优雅。蓝色牡丹象征浪漫真挚、雍容华贵，宛如花卉世界的“蓝美人”，做成胸针点缀衣襟，令佩戴者在不经意间拥有高贵夺目的美。

## 材料与工具

▪绒条 ▪丝线 ▪胸针 ▪生铜丝 ▪珍珠
▪木尺 ▪传花剪刀 ▪剪铜丝剪刀 ▪镊子 ▪老虎钳 ▪珠宝胶 ▪夹板 ▪定型喷雾 ▪树脂胶

### 花瓣部分

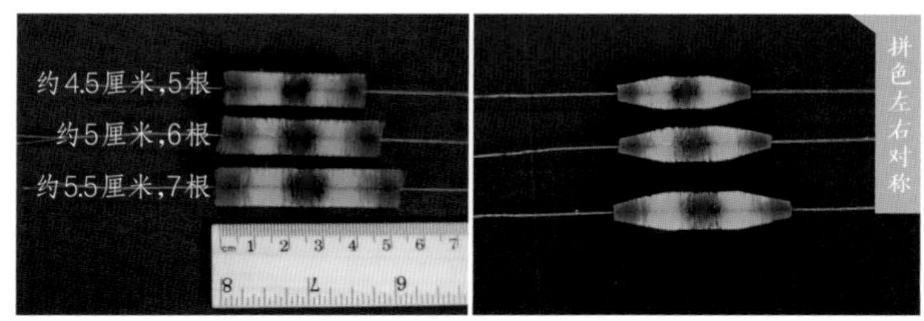


1 准备3种长度不一的宝蓝色、蓝色、红褐色拼色绒条，长度和数量如图所示。用传花剪刀两头打尖。

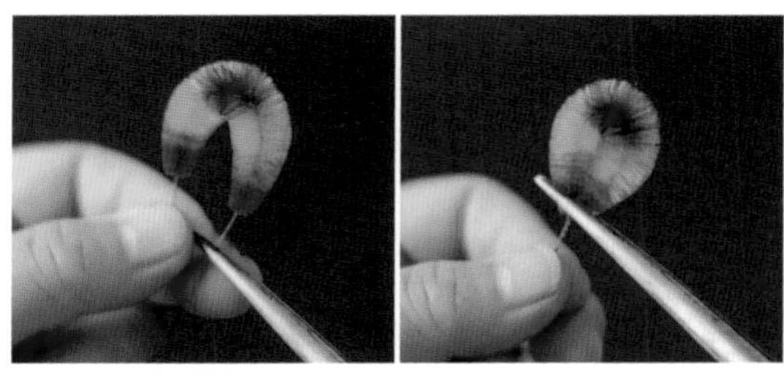

2 将打尖完的绒条弯曲，右手用镊子夹住花瓣底部，左手捻紧铜丝，固定好。

3 按照“花朵部分”步骤2的方法，做出3种大小不同的花瓣。

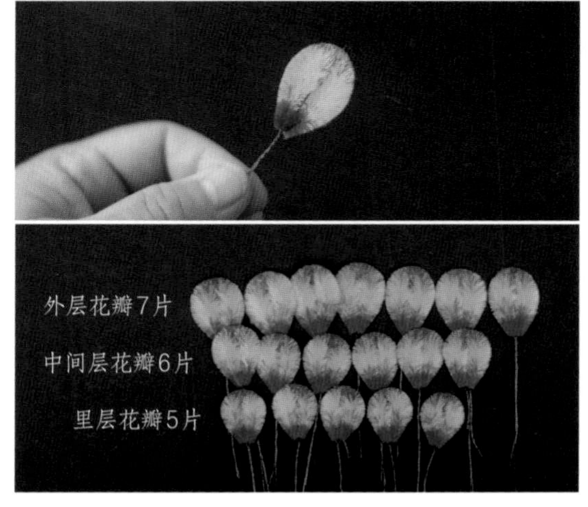


4 用预热好的夹板将所有花瓣夹平，将定型喷雾喷到叶子两面，再用夹板定型。做好的全部花瓣数量如图所示。

5 用剪刀在花瓣顶端两侧分别剪掉两小块。剪好的花瓣如图所示。

## 花蕊部分

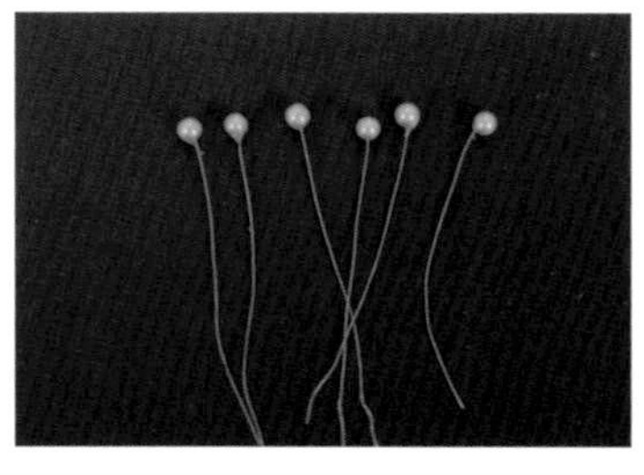

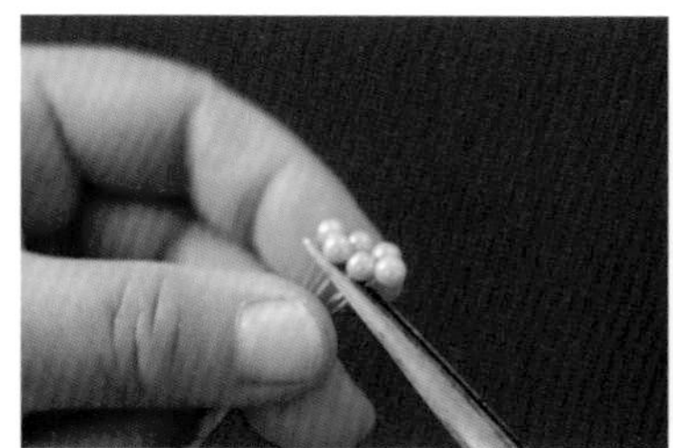

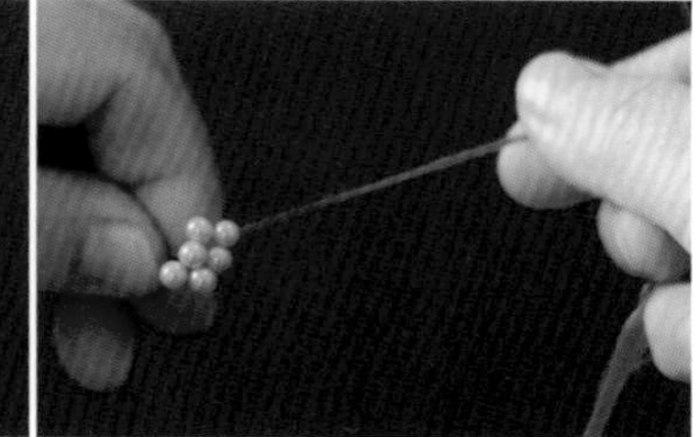

1 取6根生铜丝，在顶端挤少量珠宝胶，粘上珍珠，晾5分钟左右。

2 取所有做好的花蕊，用1根红褐色丝线缠绕几圈。

## 组装

1 在做好的花蕊外面依次加上5片里层花瓣。为了不让花瓣变形，可以每加1片花瓣，就用丝线缠绕几圈。

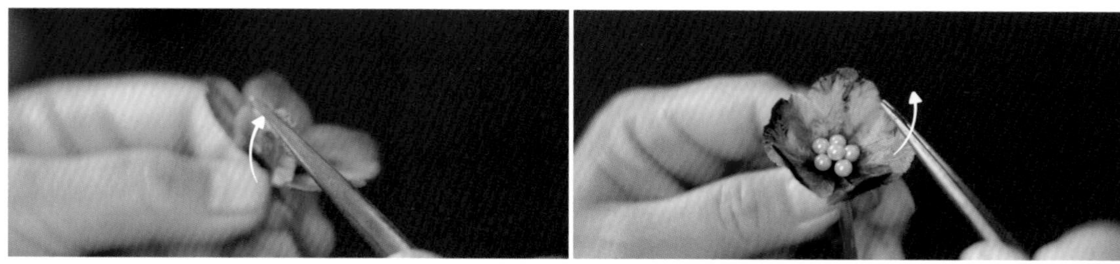

2 用镊子将花瓣往里弯曲，做出花瓣微微内收的状态。

3 在里层花瓣外侧，依次加上6片中间层花瓣，用丝线缠绕几圈，再继续用镊子将中间层花瓣往里弯曲。

4 在中间层花瓣的外侧，依次加上7片外层花瓣，以同样的方式用丝线缠绕几圈，将花瓣往里弯曲。

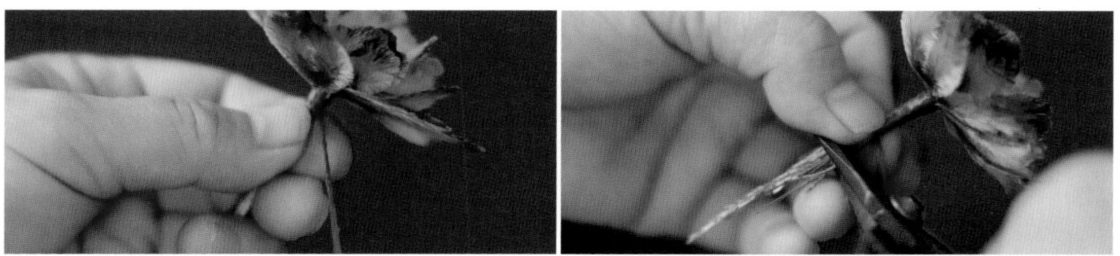

5 用丝线缠绕铜丝约2厘米长，用剪铜丝剪刀剪去底部多余的铜丝。

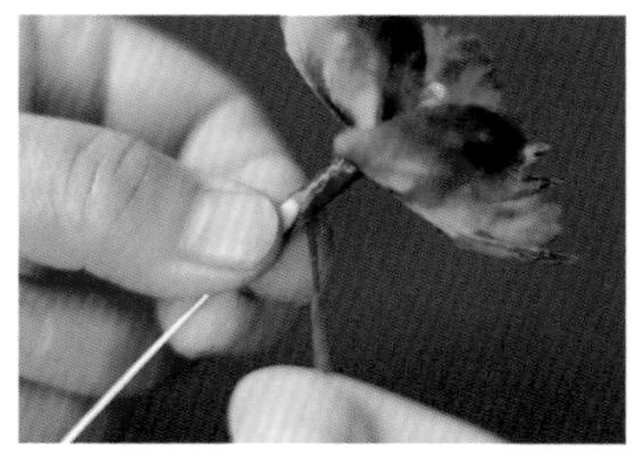

6 取1根胸针，一端蘸取少量树脂胶，与铜丝重合约0.5厘米。

7 用丝线继续缠绕胸针约0.5厘米长，剪掉丝线，底部线头用树脂胶固定。

8 取老虎钳将花秆折弯90°，再用镊子调整花瓣，使整体的造型更美观。

9 牡丹胸针制作完成。

**小技巧：**牡丹款绒花最大的特点就是颜色艳丽，花瓣层数多。想要做出好看的牡丹，需要配色华丽、花头大、花瓣呈辐射状排列。

# 山茶花

东园三日雨兼风，桃李飘零扫地空。惟有山茶偏耐久，绿丛又放数枝红。

山茶一树自冬至清明后着花不已　【宋】陆游

山茶花既有傲梅之风骨，又有牡丹之艳丽。冬末春初，山茶花开时艳丽缤纷，给早春增添了一抹浓艳的色彩。红色山茶绒花天生丽质，天然蚕丝赋予它更美丽的光泽，寓意理想的爱，以及谦逊之美德。

## 材料与工具

▪绒条 ▪丝线 ▪胸针 ▪黄色花蕊

▪木尺 ▪传花剪刀 ▪剪铜丝剪刀 ▪镊子 ▪夹板 ▪定型喷雾 ▪树脂胶

### 叶子部分

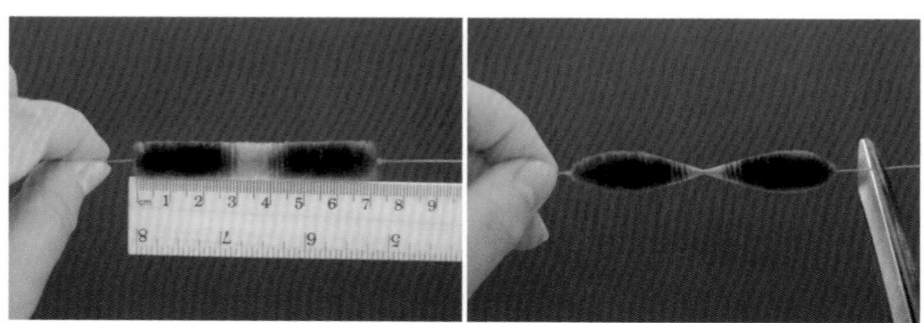

1 准备5根约7厘米长的墨绿色、土黄色拼色绒条，根据叶子形态用传花剪刀对半打尖。

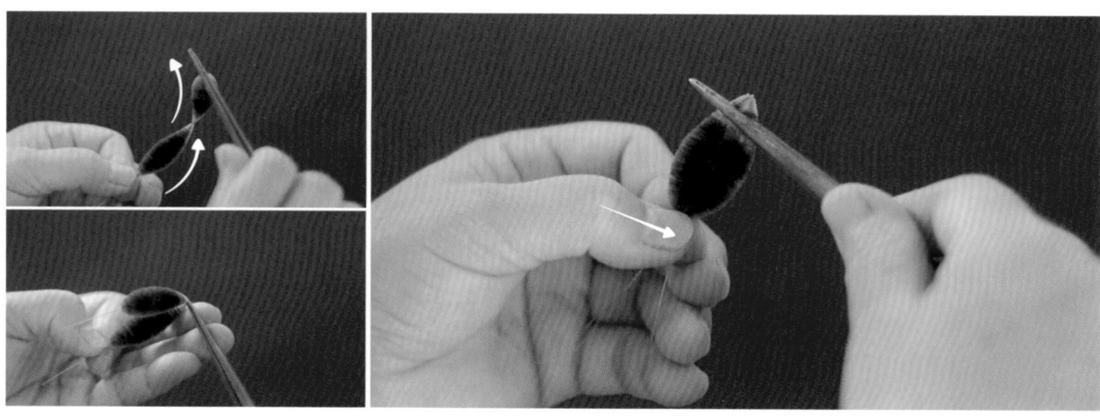

2 用镊子稍微划弯绒条，做出叶子边缘的弧度，之后从中间夹住绒条对折。右手用镊子夹住叶子顶部，左手捻紧铜丝，固定好。

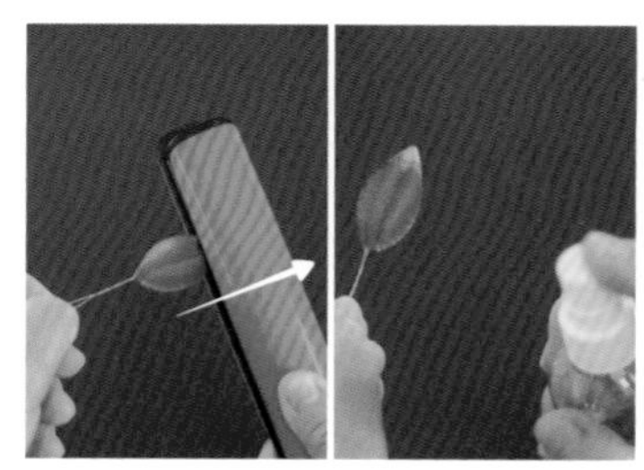

3 用预热好的夹板从下往上将叶子夹平，将定型喷雾喷到叶子两面，再用夹板定型。

4 重复“叶子部分”步骤2和3，做好全部5片叶子。

5 每片叶子用墨绿色丝线缠绕铜丝约2厘米长，剪掉丝线，底部线头用树脂胶固定。

## 花瓣部分

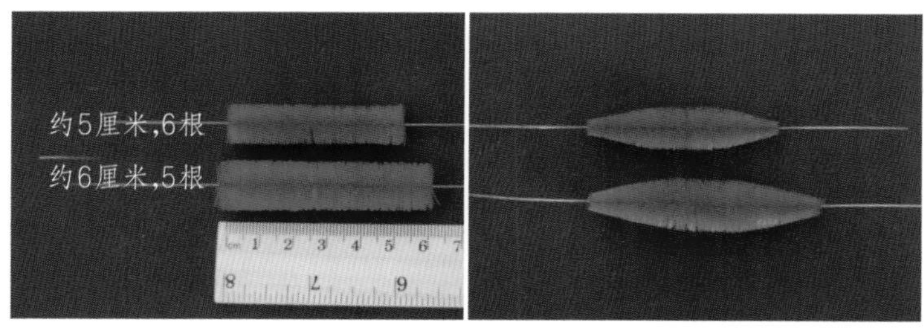


1 准备2种长度不一的红色绒条，长度和数量如图所示。用传花剪刀两头打尖。

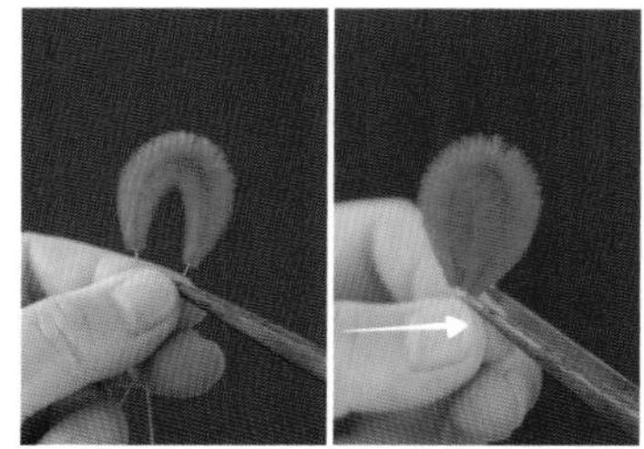

2 将打尖完的绒条弯曲，右手用镊子夹住花瓣底部，左手捻紧铜丝，固定好。

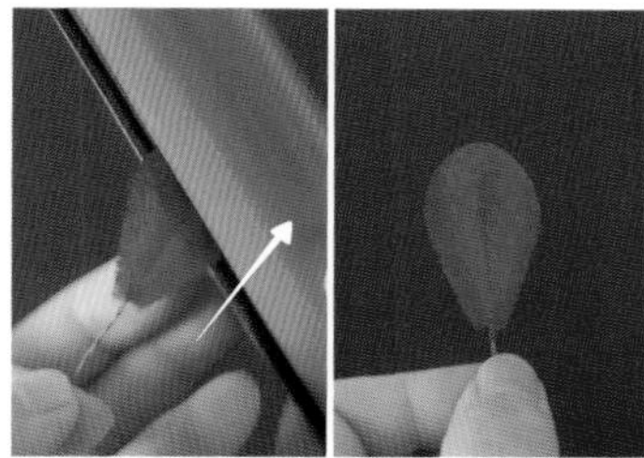

3 用预热好的夹板从下往上夹平花瓣，将定型喷雾喷到花瓣两面，再用夹板夹一次定型。

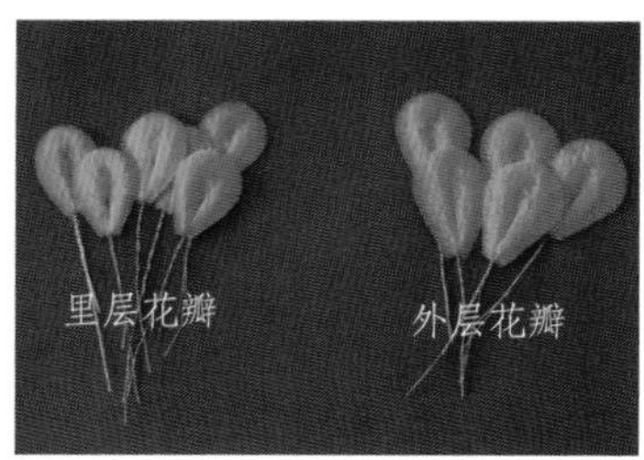


4 重复“花瓣部分”步骤2和3，做好全部6片里层花瓣和5片外层花瓣。

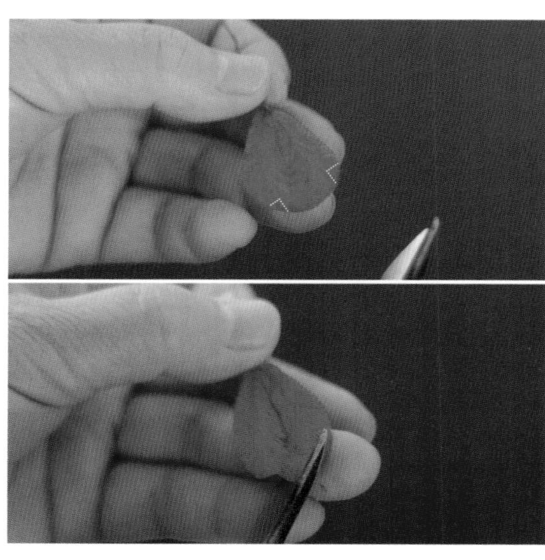

5 用剪刀在里层和外层花瓣顶端两侧分别剪掉两小块。

6 剪完的里层花瓣。

## 花蕊部分

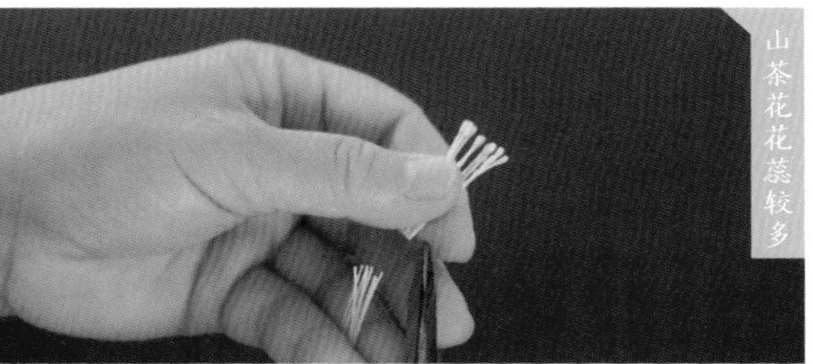

取11根黄色花蕊，用剪刀从中间剪开。

## 组装

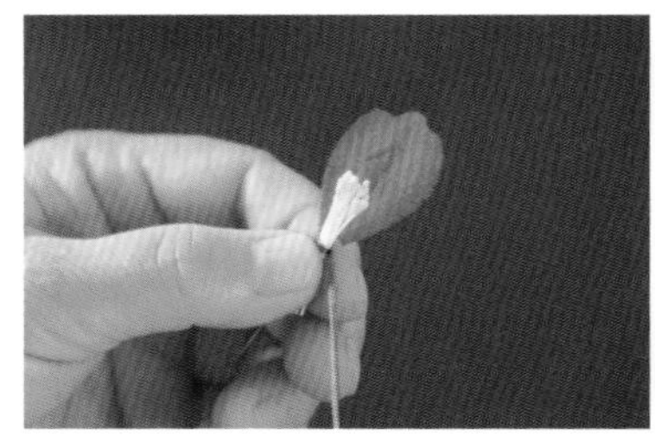

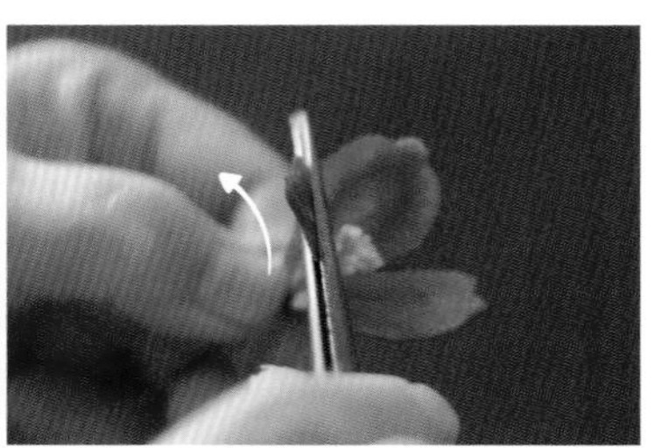

1 取半截花蕊，依次加上3片里层花瓣，用1根墨绿色丝线缠绕几圈。用镊子将花瓣上缘轻轻外翻，做出山茶花的造型。

2 在里层花瓣外侧，依次加上5片外层花瓣，用丝线缠绕几圈。用镊子继续调整外层花瓣的形态。

3 依次加上3片叶子，用丝线缠绕几圈。叶片分散开更好看。

4 按照同样的方法再做出1朵小山茶花。

5 左手取1朵大山茶花，右手用镊子将小山茶花的花秆弯曲。

6 将2朵山茶花上下错开，并好，用墨绿色丝线缠绕铜丝约1厘米长。

7 用剪铜丝剪刀剪去底部多余的铜丝。

8 取1根胸针，胸针一端与铜丝重合约0.5厘米长，用丝线缠绕胸针约0.5厘米。

9 剪掉丝线，底部线头用树脂胶固定。

10 用镊子调整花瓣和叶子，使整体造型更美观。

11 山茶花胸针制作完成。

# 茉莉花

虽无艳态惊群目，幸有浓香压九秋。应是仙娥宴归去，醉来掉下玉搔头。

茉莉花　【宋】江奎

茉莉花开，满庭芬芳。茉莉花的花语为忠贞、尊敬、清纯，既能歌颂坚贞爱情，也能代表纯粹友谊。它的美好正如江苏民歌《茉莉花》唱的那样："满园花开香也香不过它……茉莉花开雪也白不过它。"

## 材料与工具

▪绒条 ▪丝线 ▪波浪U形簪 ▪花蕊
▪木尺 ▪传花剪刀 ▪剪铜丝剪刀 ▪镊子 ▪夹板 ▪定型喷雾 ▪树脂胶

## 花朵部分

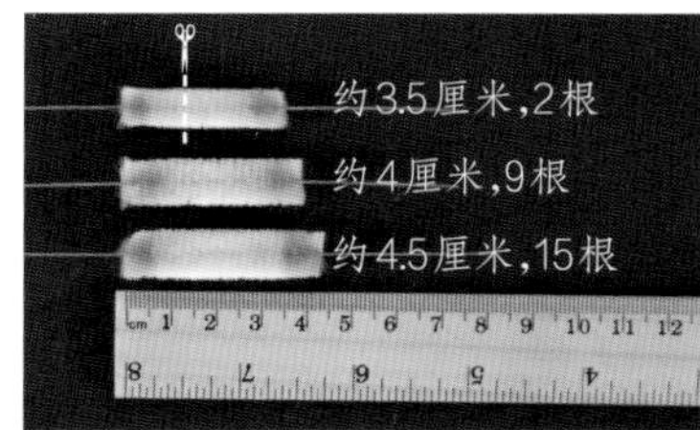


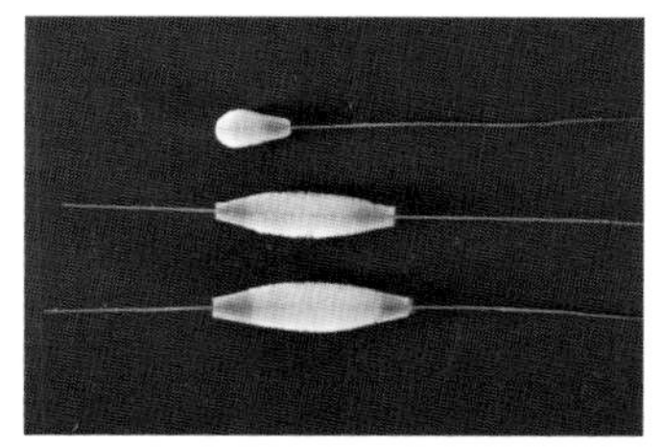

1 准备3种长度不一的绿色、浅绿色、白色渐变绒条（长度和数量如图所示），其中最短的绒条用剪刀从中间剪开，取3根，和其余绒条一起用传花剪刀分别打尖。

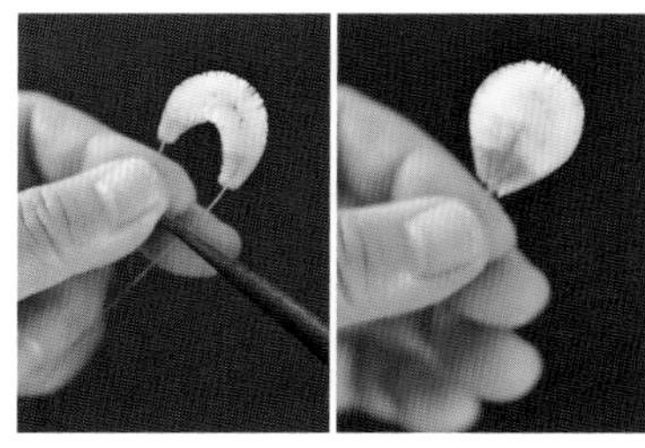

2 将打尖完的绒条弯曲，右手用镊子夹住花瓣，左手捻紧铜丝，固定好。

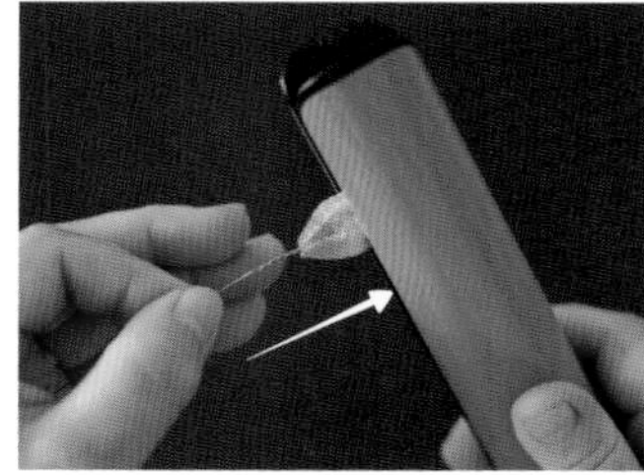

3 用预热好的夹板从下往上夹平花瓣，将定型喷雾喷到花瓣两面，再用夹板夹一次定型。

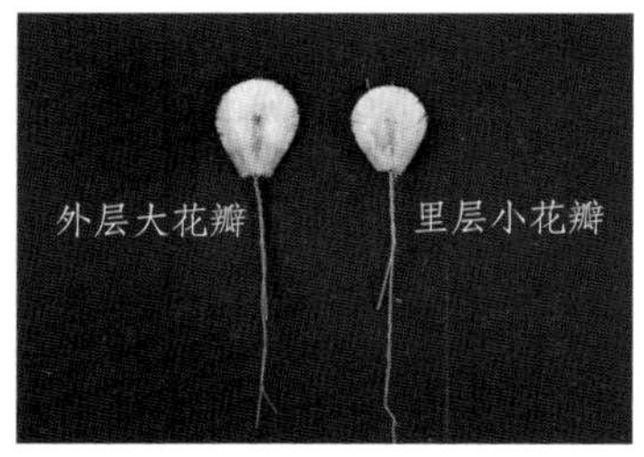


4 按照“花朵部分”步骤2和3的方法，做好全部9片里层花瓣和15片外层花瓣。

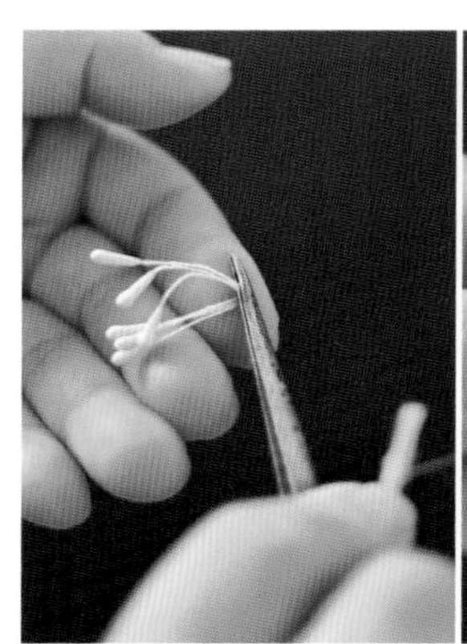

5 用镊子取3根花蕊对折，依次加上2片小花瓣，用浅绿色丝线缠绕几圈。加上第3片小花瓣，再缠绕几圈。

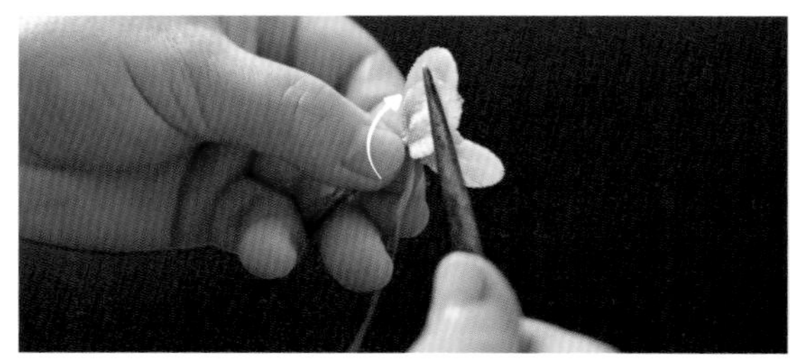

6 用镊子将花瓣往里弯曲，做出含苞待放的形态。

7 取1片大花瓣，并在花苞外面，用浅绿色丝线缠绕几圈。再依次加上4片大花瓣，每加1片花瓣，就用丝线缠绕几圈。

8 用镊子将外层花瓣往里弯曲，做出花瓣微微内收的状态。

9 重复步骤5~8，全部做好3朵茉莉花。

## ❖ 叶子部分

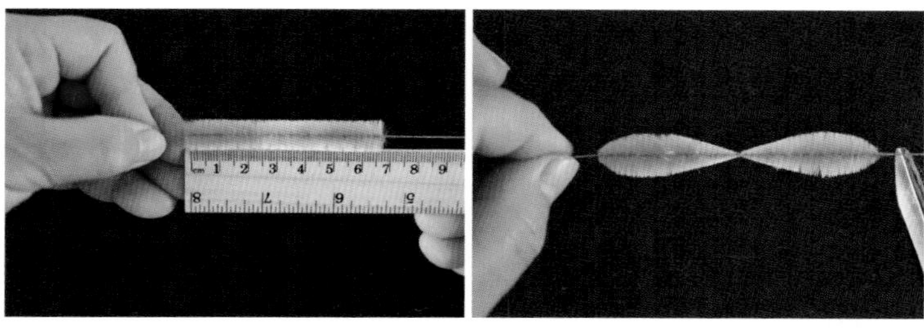

1 准备2根长约7厘米的绿色、浅绿色渐变绒条，根据叶子形态用传花剪刀对半打尖。

2 用镊子稍微划弯绒条，然后从中间夹住绒条对折。右手用镊子夹住叶子底部，左手捻紧铜丝，固定好。

3 用预热好的夹板从下往上将叶子夹平，将定型喷雾喷到叶子两面，再用夹板夹一次定型。

4 重复“叶子部分”步骤2和3，做好2片叶子。

## 组装

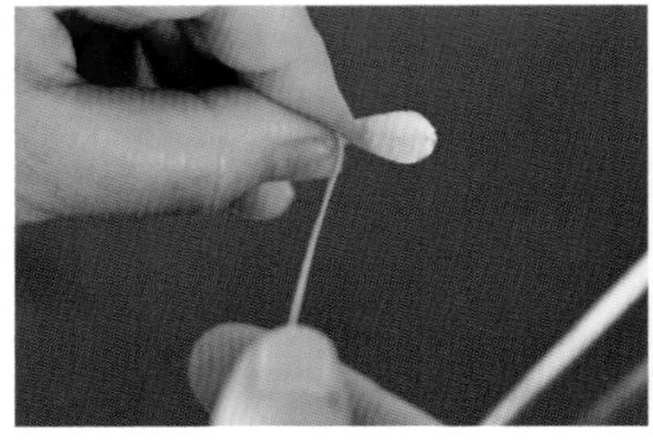

1 取1个茉莉花花骨朵（花蕾），用浅绿色丝线缠绕铜丝约2厘米长。剪掉丝线，底部线头用树脂胶固定。重复该步骤，做好全部3个花骨朵。

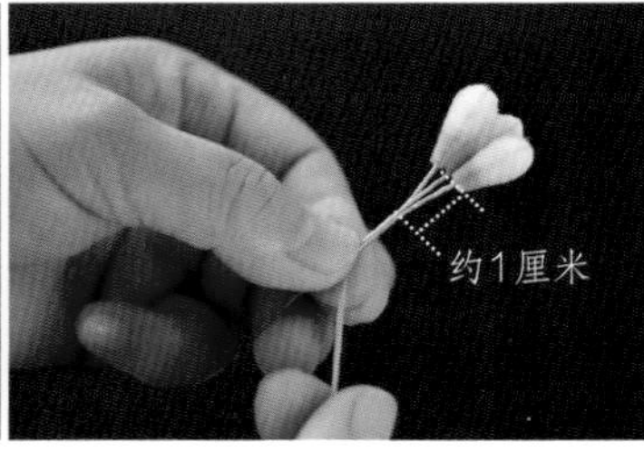


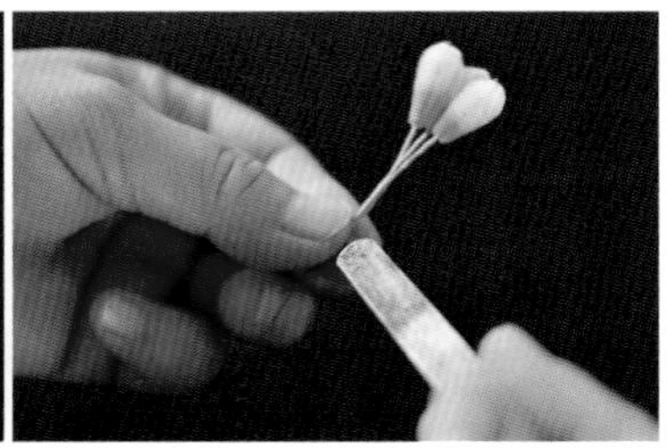

2 取3个花骨朵并好，用浅绿色丝线在离花骨朵底部约1厘米处开始缠绕铜丝，缠绕约1厘米长时剪掉丝线，底部线头用树脂胶固定。

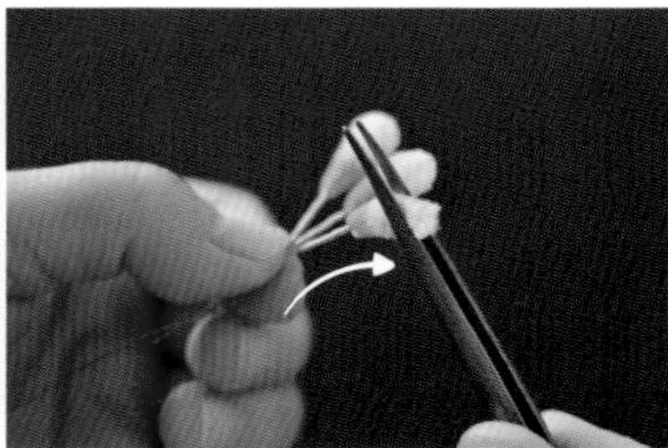

3 用镊子将花骨朵稍稍分开，再向一侧弯曲花骨朵，做出活泼灵动的感觉。

4 将浅绿色丝线并在花骨朵底部线头处。取1朵茉莉花，用镊子弯曲花秆。

5 将茉莉花加在花骨朵下方，用浅绿色丝线缠绕铜丝约1厘米长。

6 取第2朵茉莉花，用镊子弯曲花秆，加在花骨朵的右下侧，用丝线缠绕几圈。

## 花骨朵部分

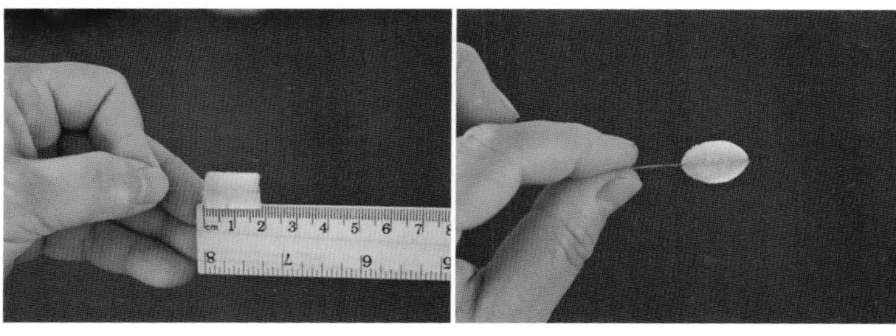

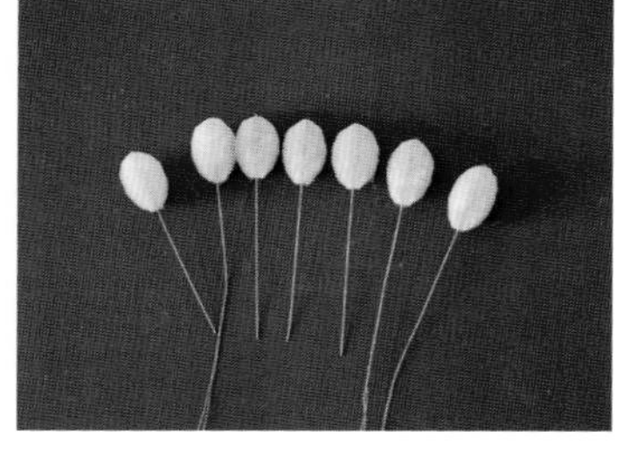

1 准备7根约2厘米长的粉色渐变绒条，用传花剪刀两头打尖。

2 全部打尖好的7个花骨朵。

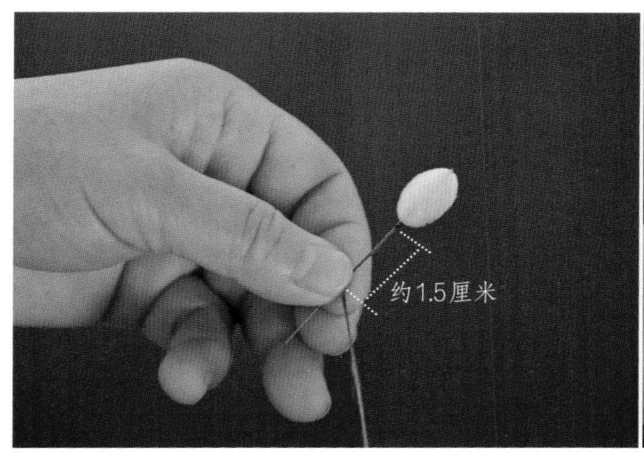


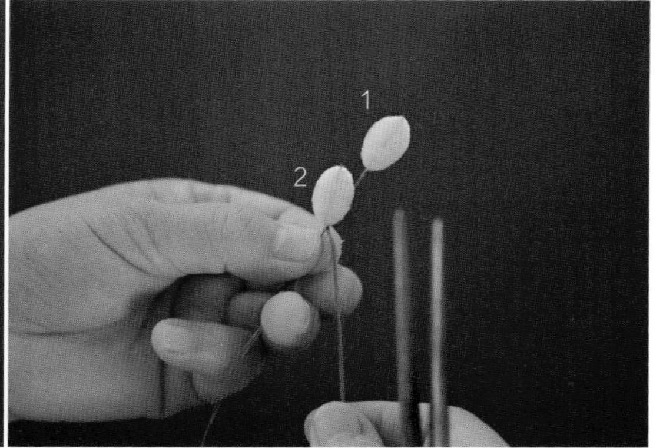


3 开始组合花骨朵。取1个花骨朵，用1根蓝灰色丝线缠绕铜丝约1.5厘米长，加上第2个花骨朵。

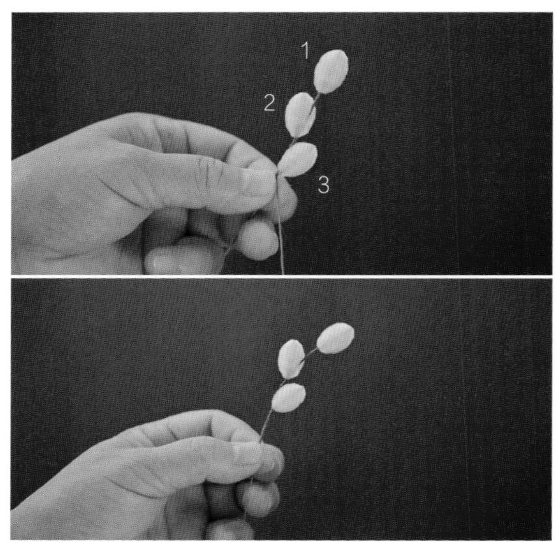


4 继续用丝线缠绕铜丝约1.5厘米长，再加上第3个花骨朵，最后缠绕铜丝约2厘米长。剪掉丝线，底部线头用树脂胶固定。

5 做好全部3组花骨朵（1个单个花骨朵、2个组合花骨朵）。单个花骨朵用丝线缠绕约2厘米，剪掉丝线用树脂胶固定即可。

## 叶子部分

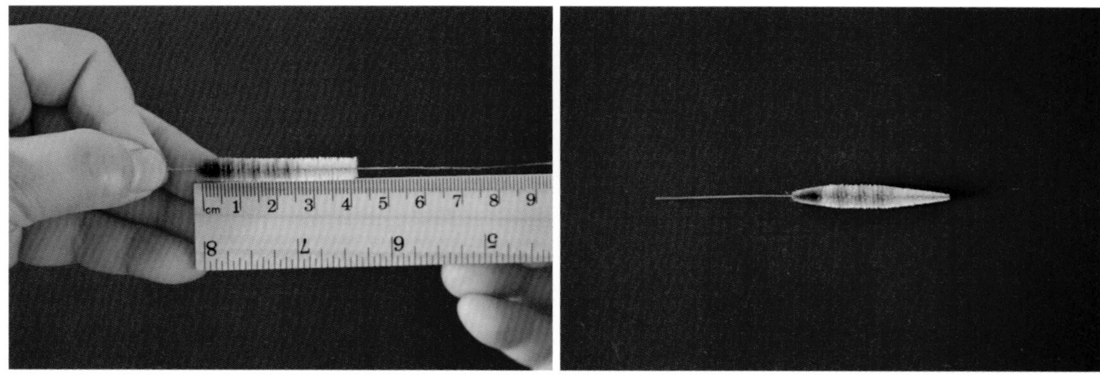


1 准备9根约4厘米长的蓝灰色、白色混色绒条，用传花剪刀两头打尖。

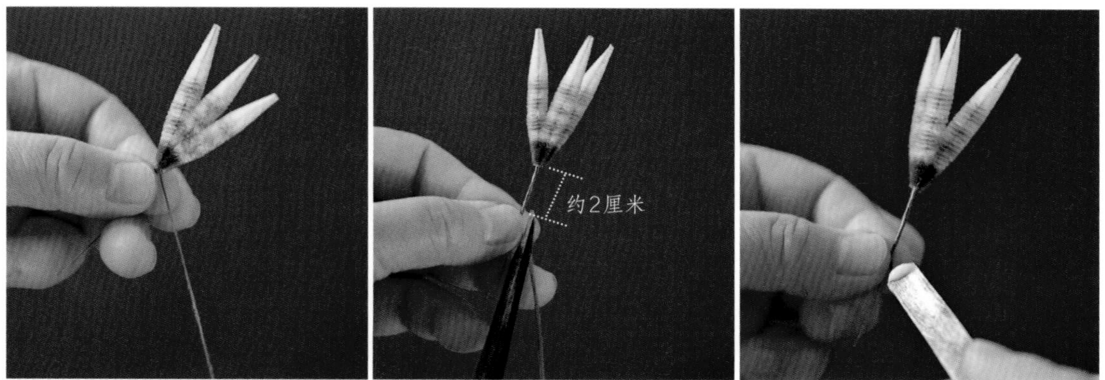


2 取3片叶子，用蓝灰色丝线缠绕铜丝约2厘米长。剪掉丝线，底部线头用树脂胶固定。

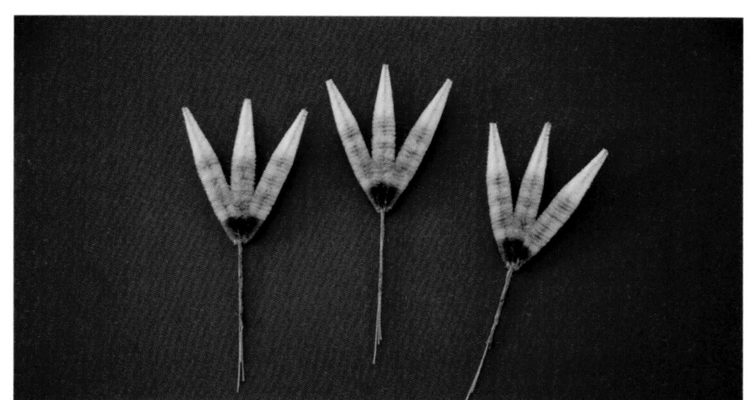

3 重复“叶子部分”步骤2，全部做好3组叶子。

## 组装

1 取1组叶子和1个花苞，用蓝灰色丝线缠绕约1厘米。

2 如图所示，依次加上单个花骨朵、1个组合花骨朵、1组叶子，用蓝灰色丝线缠绕约1厘米。

3 继续往下，加上1朵弯曲好花秆的梅花，用丝线缠绕几圈。

4 再加上1个组合花骨朵、1组叶子。每加上1个部分，就用丝线缠绕几圈。

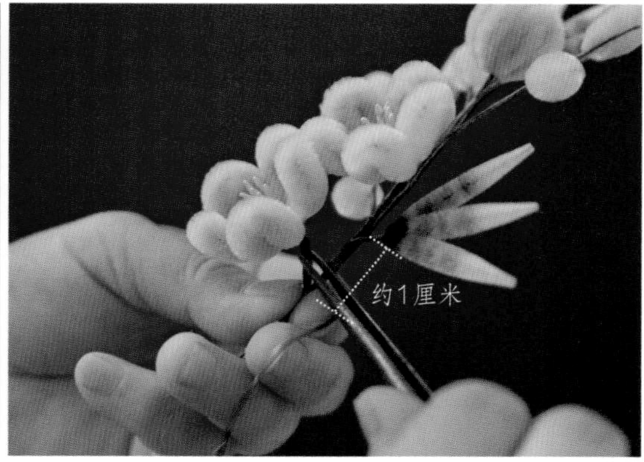


5 取第2朵梅花，用镊子弯曲花秆，加在叶子下方约1厘米处。

6 重复“组装”部分步骤5的方法，在第2朵梅花下面加上第3朵梅花。之后用丝线缠绕铜丝约1厘米长。

小技巧：在组装花朵前，一般需要弯折花秆，目的是让花心朝外，佩戴时更加美观。

7 用剪铜丝剪刀剪去底部多余的铜丝。

8 取1根双股簪，左侧簪子主体与花枝重合约1厘米长，用蓝灰色丝线缠绕。

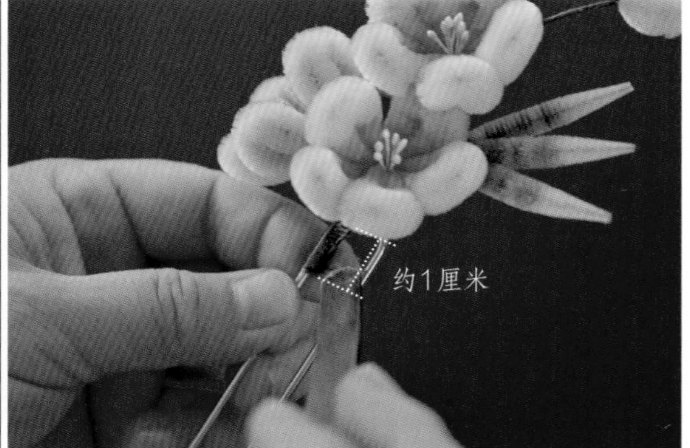


9 丝线缠绕约1厘米长时，剪掉丝线，底部线头用树脂胶固定。

10 用镊子调整梅花整体造型，使其更美观。

11 梅花发簪制作完成。

# 凌霄花

披云似有凌霄志，向日宁无捧日心。珍重青松好依托，直从平地起千寻。

咏凌霄花 【宋】贾昌朝

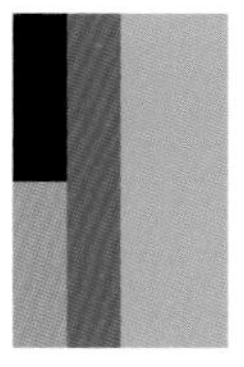

初夏，凌霄花悄然爬上墙头，翠绿的藤蔓映衬着火红色的“小喇叭”，喧闹着街头巷尾。凌霄花除了有志存高远的寓意外，还有一个花语——敬佩、敬仰，常常代表母爱。如果不知道送母亲什么礼物，不如做一朵永不凋谢的凌霄花发簪，表达对母亲永久的爱。

## 材料与工具

- 绒条 ▪丝线 ▪双股簪 ▪单股簪 ▪黄色花蕊
- 木尺 ▪传花剪刀 ▪剪铜丝剪刀 ▪镊子 ▪树脂胶 ▪夹板 ▪定型喷雾

### 花朵部分

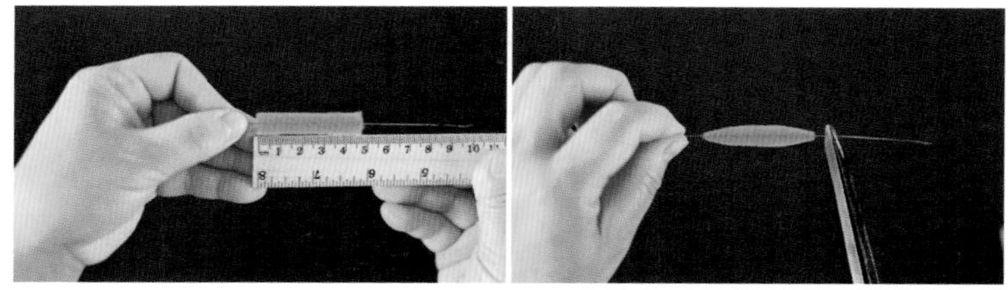

1 准备20根约4.5厘米长的橘色绒条，用传花剪刀两头打尖。

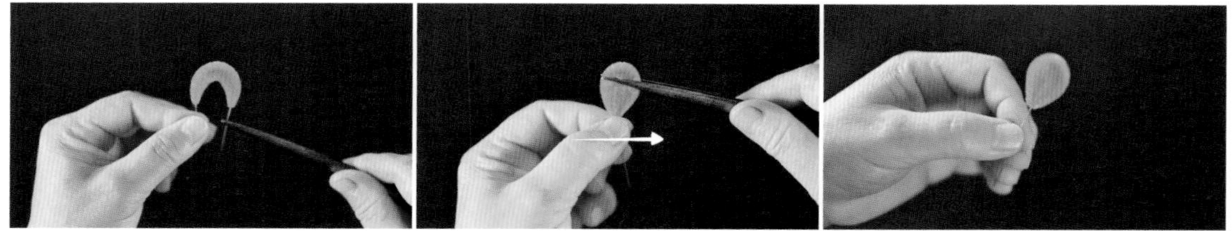

2 将打尖完的绒条弯曲，右手用镊子夹住花瓣，左手捻紧铜丝，固定好。

3 用预热好的夹板从下往上夹平花瓣，将定型喷雾喷到花瓣两面，再用夹板夹一次定型。

4 重复"花朵部分"步骤2和3，做好全部20片花瓣。每5片花瓣组成1朵凌霄花。

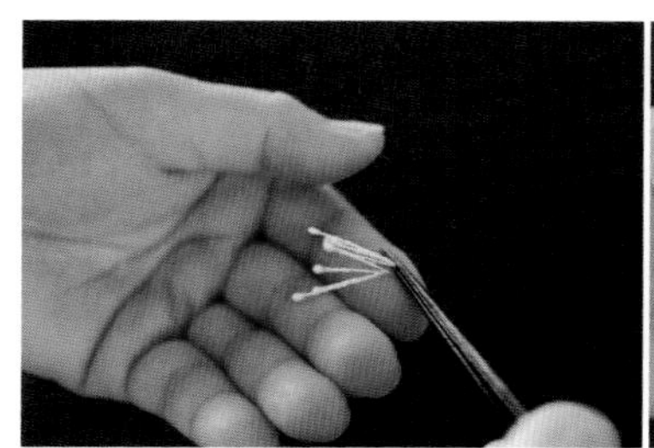
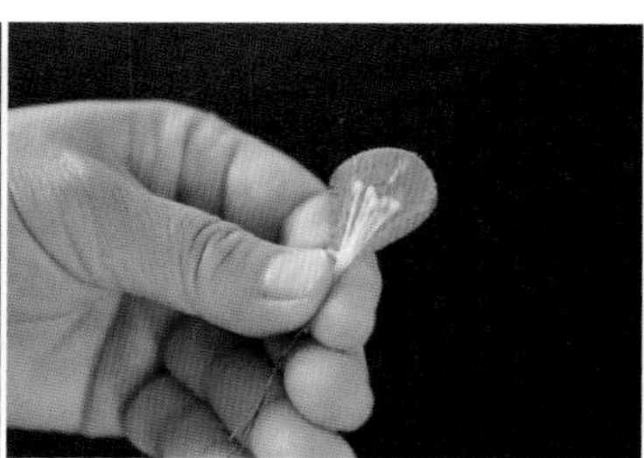
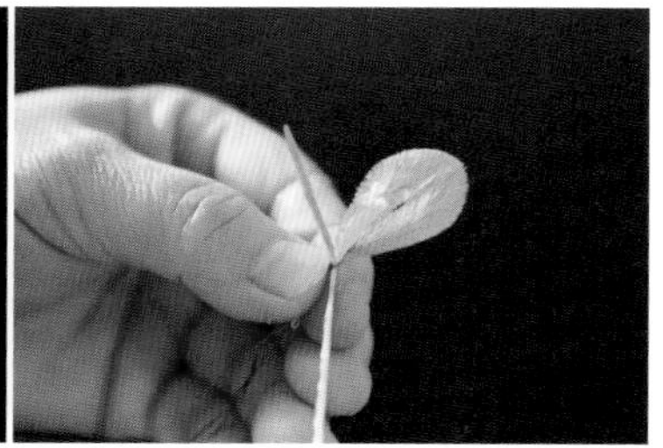

5 用镊子取4根黄色花蕊对折，依次加上2片花瓣，用1根浅绿色丝线缠绕几圈。

6 依次加上3片花瓣。加上最后1片后，用丝线缠绕铜丝约2厘米长，剪掉丝线，底部线头用树脂胶固定。

7 用镊子将花瓣上缘轻轻外翻，做出凌霄花的造型。

8 重复“花朵部分”步骤5~7，做好全部4朵凌霄花。

## 叶子部分

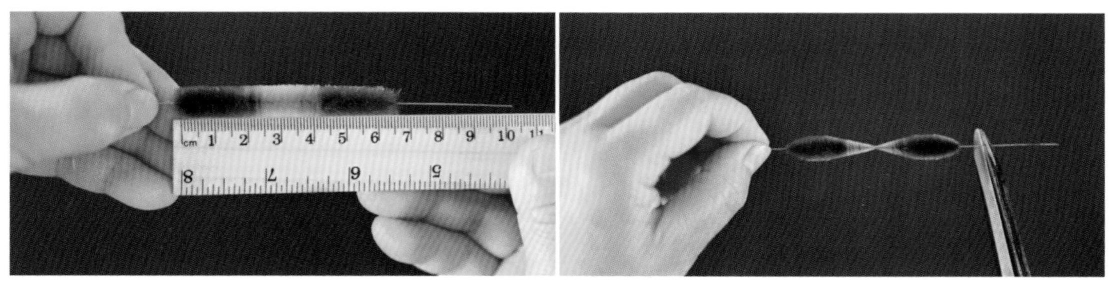


1 准备8根约6.5厘米长的墨绿色、草绿色拼色绒条，根据叶子形态用传花剪刀对半打尖。

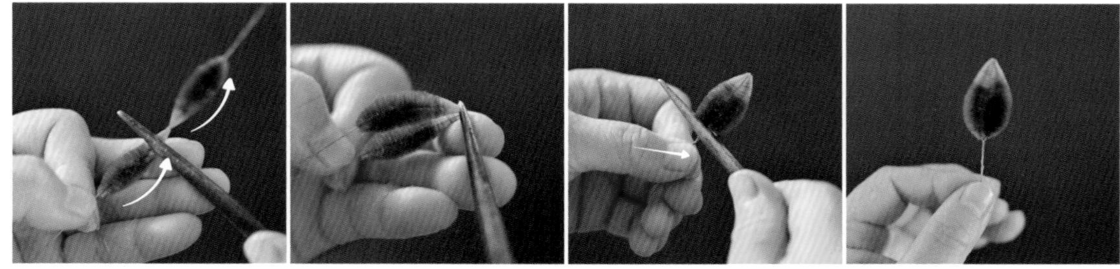

2 用镊子稍微划弯绒条，做出叶子边缘的弧度，之后从中间夹住绒条对折。右手用镊子夹住叶子底部，左手捻紧铜丝，固定好。

3 用预热好的夹板从下往上夹平叶子，将定型喷雾喷到叶子两面，再用夹板夹一次定型。

4 重复“叶子部分”步骤2和3，做好全部叶子。接下来分别组装4片、3片和单片的叶枝。

5 取1片叶子，用墨绿色丝线缠绕几圈，加上第2片叶子，缠绕铜丝约1厘米长。再在左右两侧各加上1片叶子。

6 用丝线缠绕铜丝约2厘米长，剪掉丝线，底部线头用树脂胶固定。做好4片的叶枝。

7 如图所示，再做出1组3片和单片的叶枝。

## 花骨朵部分

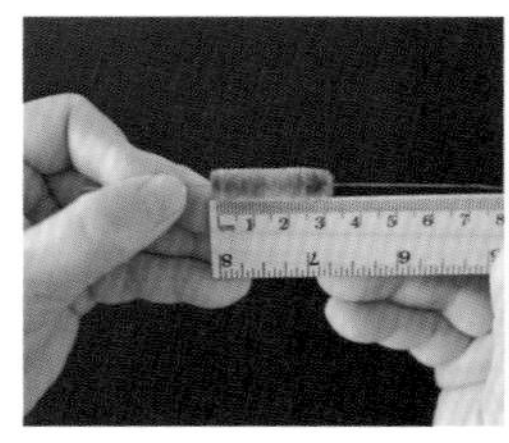

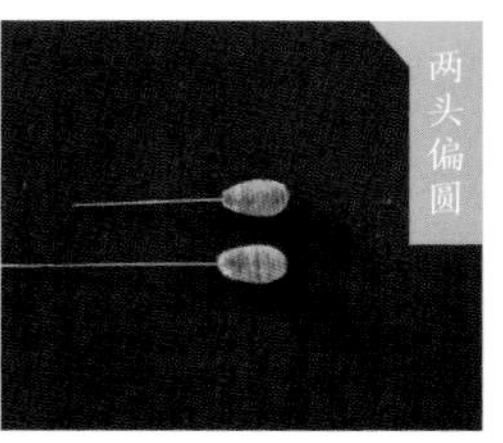


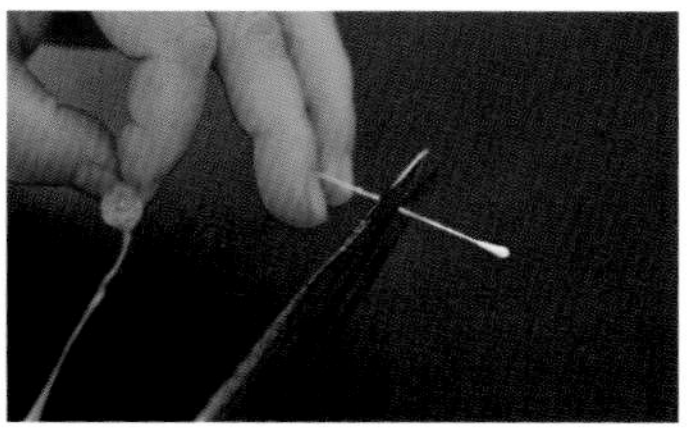

1 准备1根约3厘米长的土黄色、黄色混色绒条，先从中间剪开，然后用传花剪刀分别打尖。

2 取1根花蕊，从中间剪开。

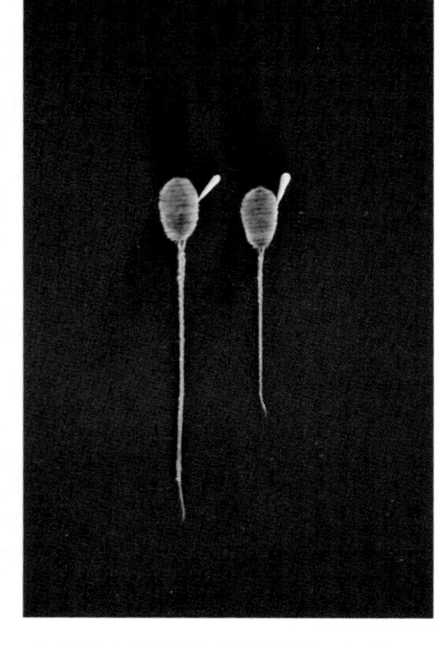

3 取1根浅绿色丝线并在半根花蕊和花骨朵底部，缠绕铜丝约3厘米长。剪掉丝线，底部线头用树脂胶固定。

4 重复“花骨朵部分”步骤3，做好2个花骨朵。

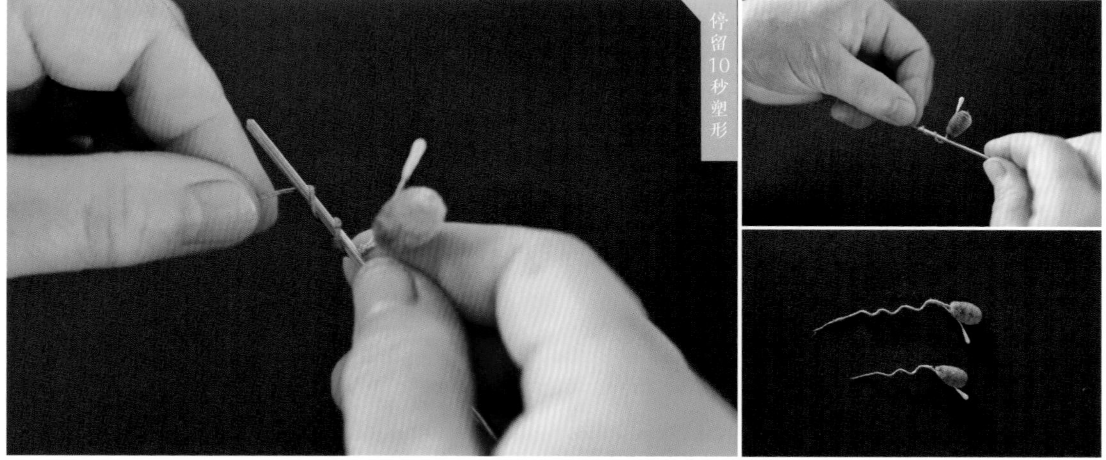


5 将花骨朵铜丝紧紧缠绕在单股簪上，停留10秒后慢慢取下单股簪，做出弹簧样的花蕊。

## 组装

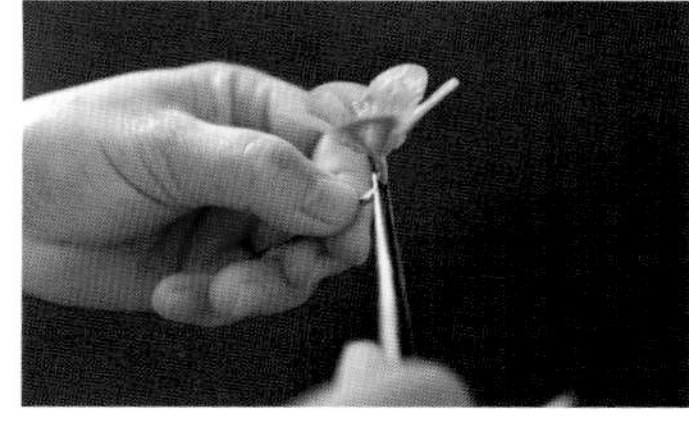

1 取1朵凌霄花，用镊子弯曲花秆。

2 取1个花骨朵，用1根墨绿色丝线将其和花缠绕在一起。

3 取第2朵花，用镊子弯曲花秆，用丝线缠绕在第1朵花的下方。

4 依次加上第3朵花和1组3片叶枝。每加上1个部分，都要用丝线缠绕几圈。

5 加上第2个花骨朵和单片叶子，位置如图所示。

6 再依次加上第4朵花和1组4片叶枝，位置如图所示。

7 用剪铜丝剪刀剪去底部多余的铜丝。

8 取1根双股簪，左侧簪子主体与花枝重合约1厘米长，用墨绿色丝线缠绕。

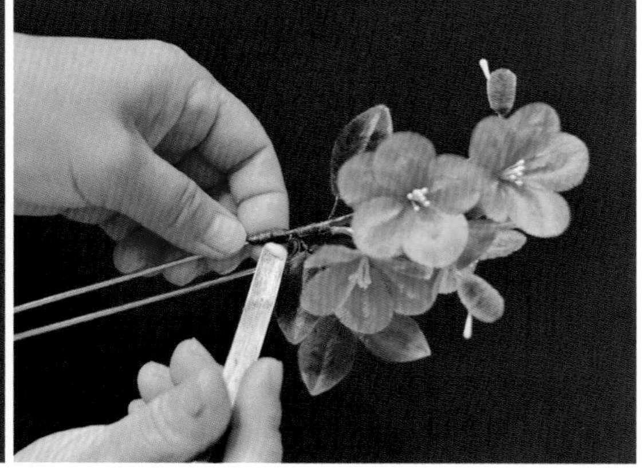

9 丝线缠绕约1厘米长时，剪掉丝线，底部线头用树脂胶固定。

10 凌霄花发簪制作完成。

小技巧：凌霄花是典型的攀缘植物，像爬山虎一样攀附在墙面上。因此，在做这款花时，除了要呈现花朵的喇叭状外，还要加上弯弯曲曲的藤蔓。

# 百合花

真葩固自异，美艳照华馆。叶间鹅翅黄，蕊极银丝满。并萼虽可佳，幽根独无伴。才思羡游蜂，低飞时款款。

【宋】韩维 百合花

百合花素有“云裳仙子”之称，清纯高雅，香气宜人。因取“百年好合”“百事合意”的好寓意，中国自古视其为婚礼吉祥花。粉色百合花发簪造型优美、颜色梦幻，女孩子佩戴在发间，显得可爱和纯洁。

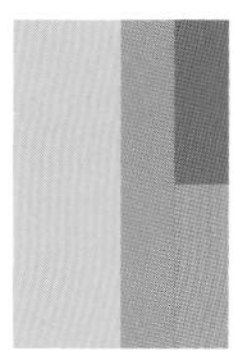

## 材料与工具

▪绒条 ▪丝线 ▪U形簪 ▪粉色花蕊
▪木尺 ▪传花剪刀 ▪剪铜丝剪刀 ▪镊子 ▪树脂胶

### 花朵部分

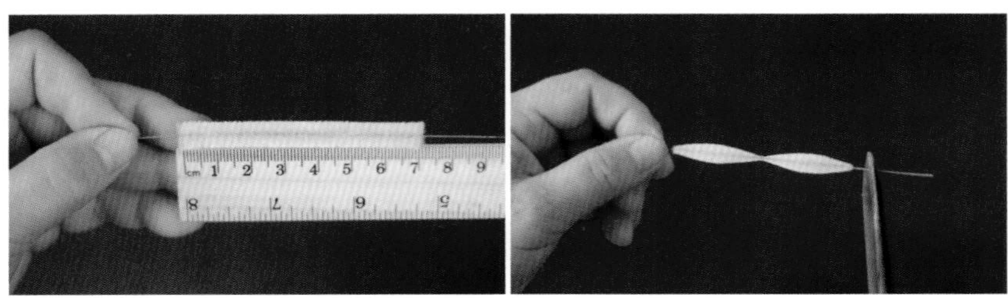

1 准备15根约7厘米长的粉色、浅粉色混色绒条，根据花瓣形态用传花剪刀对半打尖。

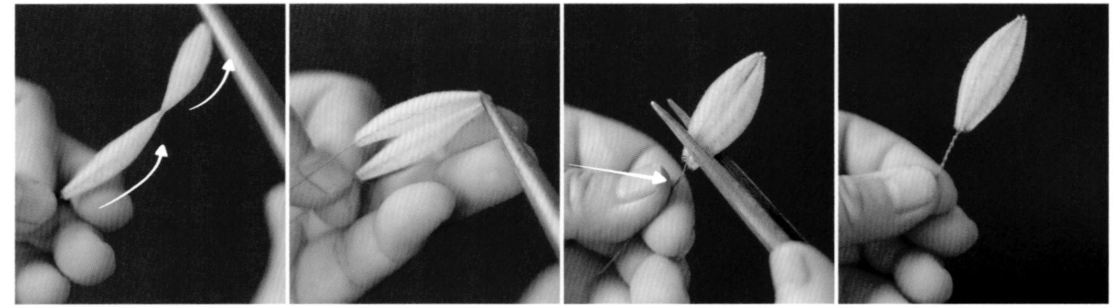

2 用镊子稍微划弯绒条，做出花瓣边缘的弧度，之后从中间夹住绒条对折。用镊子夹住花瓣，左手捻紧铜丝，固定好。

3 重复“花朵部分”步骤2，做好全部15片花瓣。每5片花瓣组成1朵百合花。

4 用镊子取3根粉色花蕊对折，加上3片花瓣，用1根绿色丝线缠绕几圈。

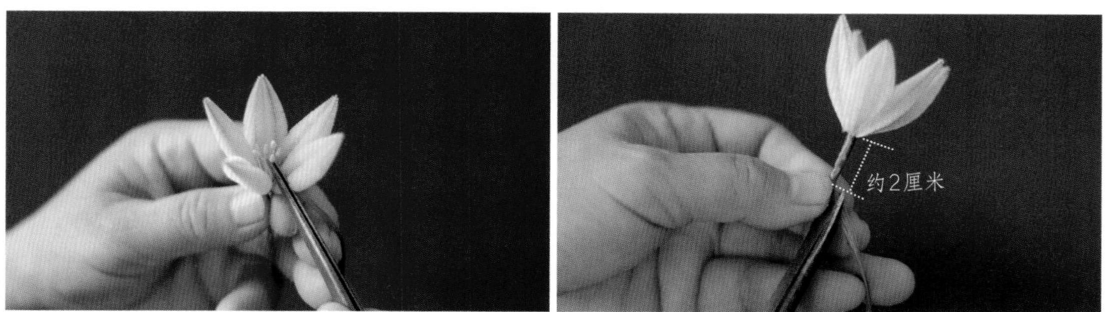


5 依次加上2片花瓣，用丝线缠绕铜丝约2厘米长，剪掉丝线，底部线头用树脂胶固定。

6 用镊子将花瓣尖部外翻，做出百合花伞形的特点。

7 重复“花朵部分”步骤4~6，做好全部3朵百合花。

## 叶子部分

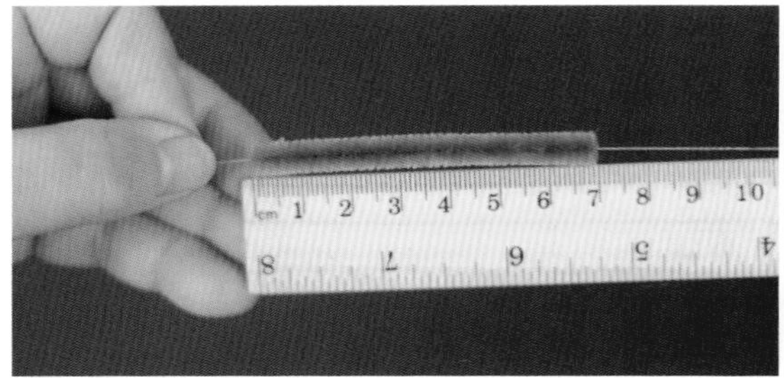

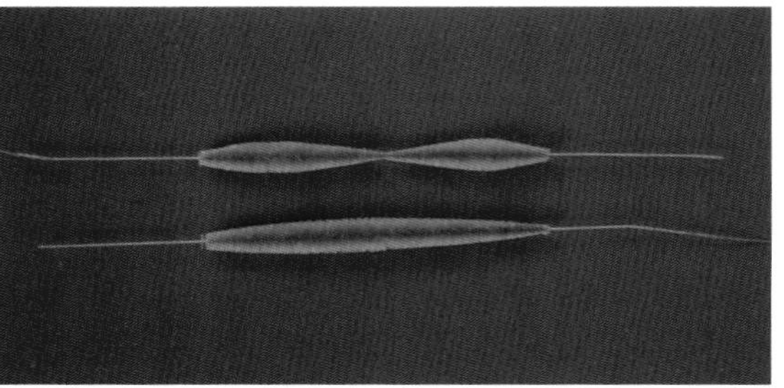

1 准备3根约7厘米长的绿色绒条，2根用传花剪刀对半打尖，另外1根用传花剪刀两头打尖。

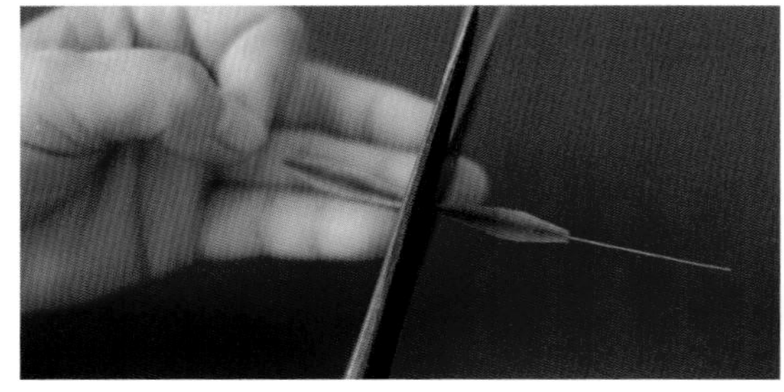

2 将对半打尖的绒条从中间剪开。

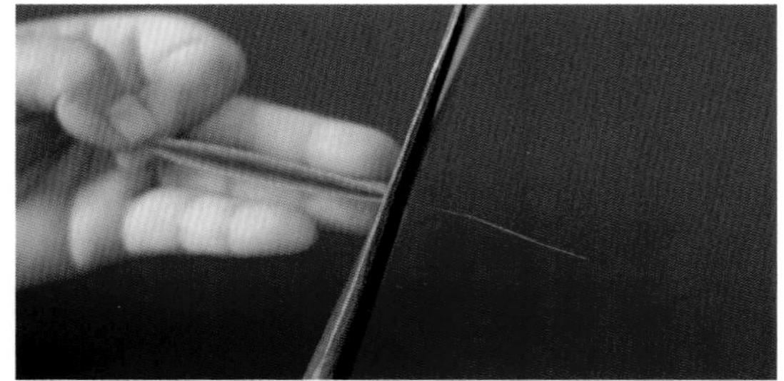

3 将两头打尖的绒条其中一端铜丝剪掉。

## 花苞部分

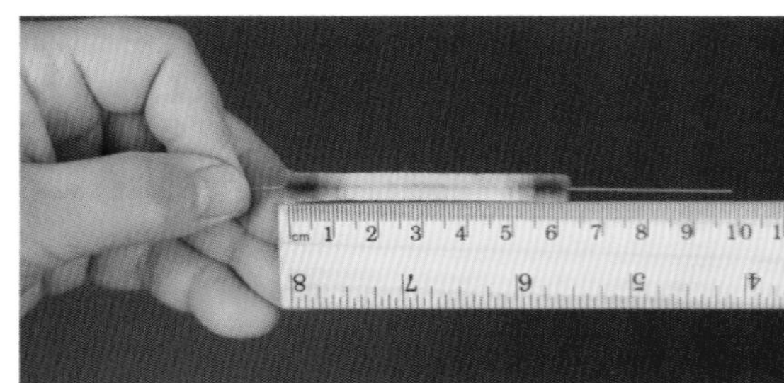

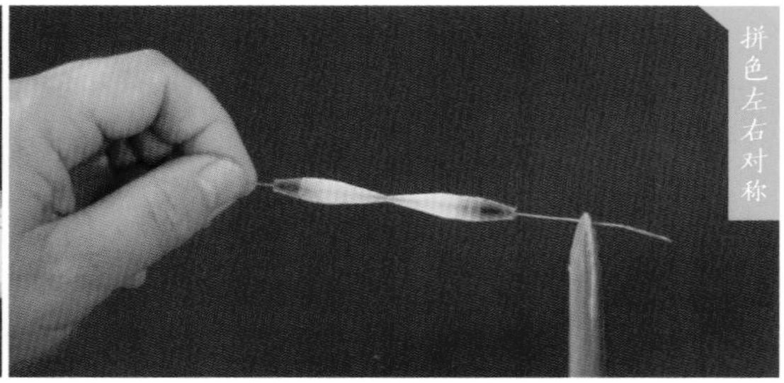


1 准备12根约6厘米长的绿色、浅绿色、粉色拼色绒条，用传花剪刀对半打尖。

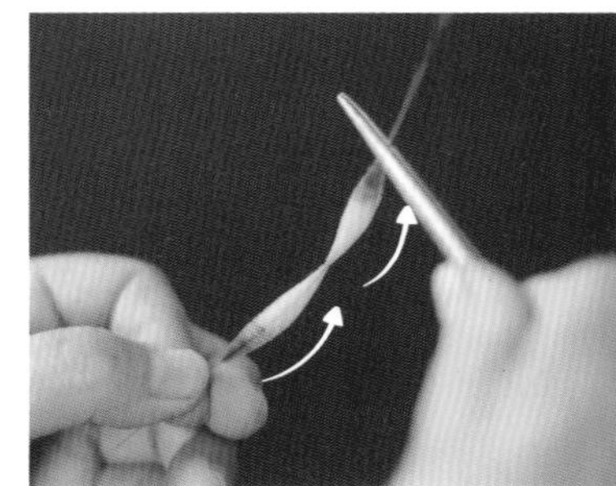

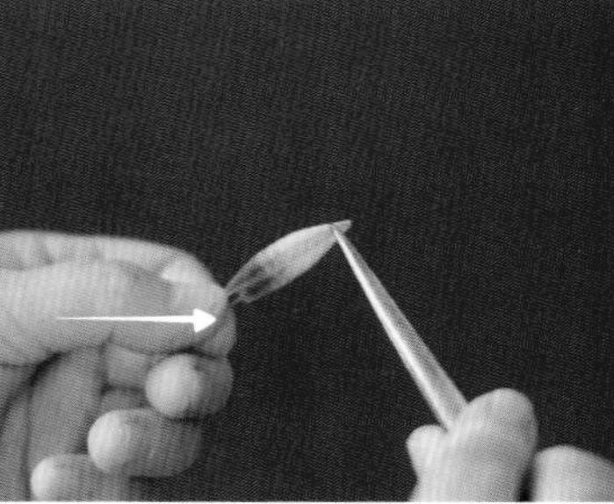

2 用镊子稍微划弯绒条，之后从中间夹住绒条对折。右手用镊子夹住花苞底部，左手捻紧铜丝，固定好。

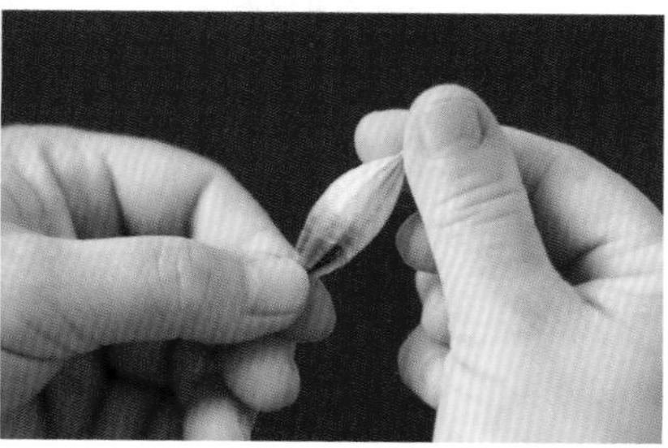

3 取3片花苞，使顶部重合，左手捏住铜丝，右手捏住花苞顶端。

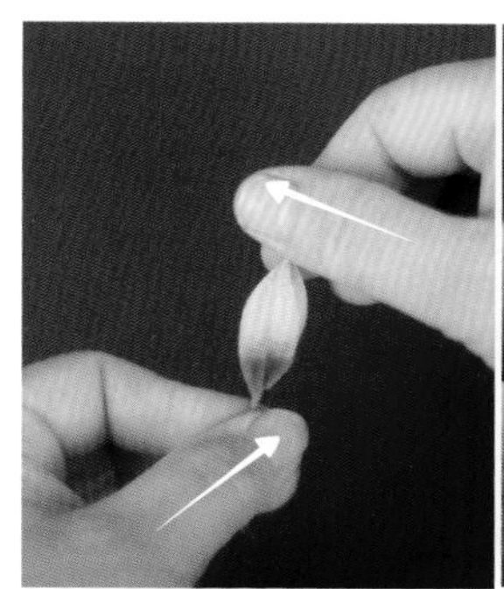
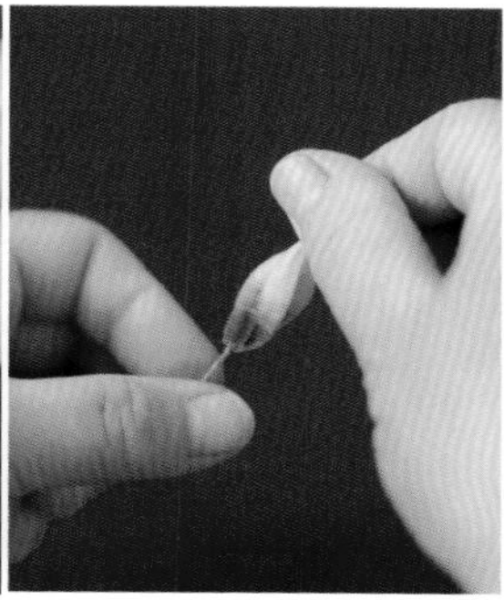
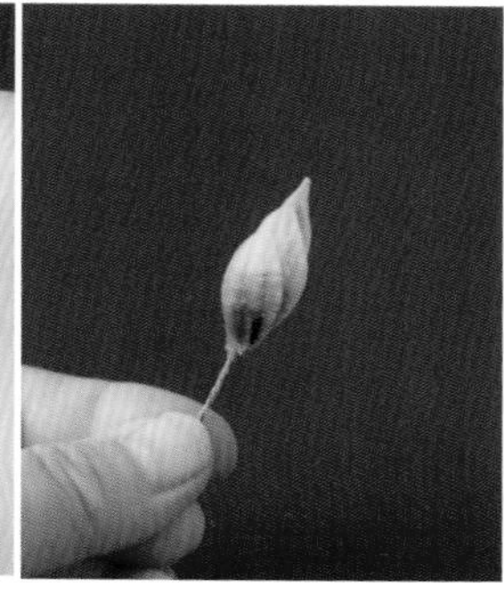

4 左手拇指向右捻动，右手拇指向左捻动，将花苞拧成螺旋状。

5 重复“花苞部分”步骤2~4，做出4个花苞。

## 组装

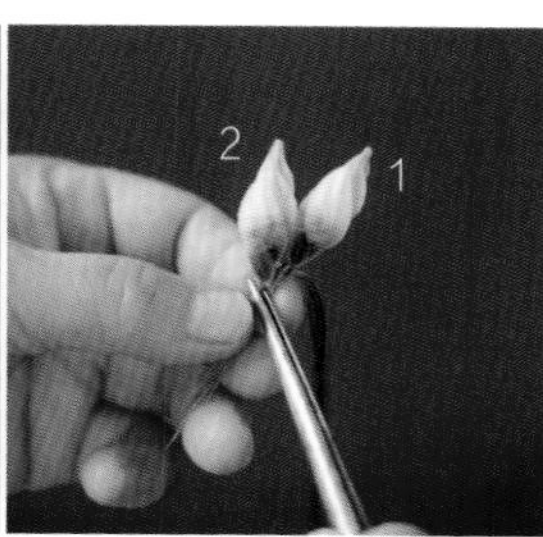

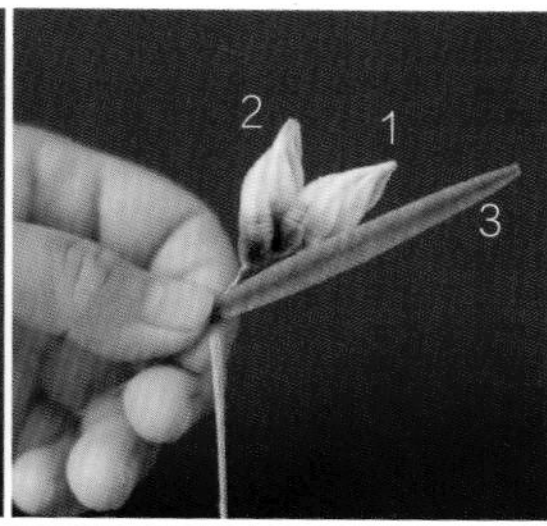

1 取1个花苞，用1根绿色丝线缠绕几圈，加上第2个花苞和1片长叶子。每加上1个部分，就用丝线缠绕几圈。

2 按照步骤1的方法，做出如图所示的3组造型不同的花苞、叶子组合。

3 取1朵百合花花朵，用丝线缠绕几圈，再用镊子弯曲花秆，加上“组装”步骤2中的花苞①。

4 用丝线缠绕铜丝约1.5厘米长，剪掉丝线，底部线头用树脂胶固定。

5 按照“组装”部分步骤3和4的方法，如图所示，组装好3组不同造型的百合花。

6 取百合花①，用1根绿色丝线缠绕铜丝约1厘米长。

7 依次加上百合花②和百合花③。每加上1朵，就用丝线缠绕铜丝约1厘米长。

8 用剪铜丝剪刀剪去底部多余的铜丝。

9 取1根U形簪，左侧簪子主体与花枝重合约1厘米，用绿色丝线缠绕。

10 丝线缠绕约1厘米长时，剪掉丝线，底部线头用树脂胶固定。

11 用镊子调整花瓣，使整体的造型更美观。

12 百合花发簪制作完成。

# 荷花

荷花开后西湖好，载酒来时。不用旌旗，前后红幢绿盖随。
画船撑入花深处，香泛金卮，烟雨微微，一片笙歌醉里归。

采桑子·荷花开后西湖好 【宋】欧阳修

荷花有很多动听的别称，如“芙蓉”“菡萏”。它是中国传统名花，茎干笔直，花朵清秀艳丽。它因“出淤泥而不染，濯清涟而不妖”，历来被视为神圣、净洁之花，寓意真、善、美。

## 材料与工具

- 绒条 ▪丝线 ▪双股簪 ▪珍珠 ▪白色花蕊
- 木尺 ▪传花剪刀 ▪剪铜丝剪刀 ▪镊子 ▪夹板 ▪定型喷雾 ▪树脂胶 ▪珠宝胶
- 圆形硬纸板 ▪老虎钳

### 花苞部分

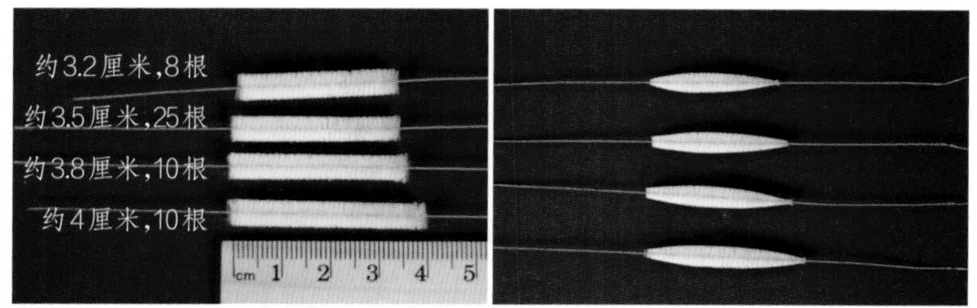


1 准备4种长度不一的白色、粉色渐变绒条，长度和数量如图所示。用传花剪刀两头打尖。

2 用剪刀将所有绒条粉色一端的铜丝剪掉。

3 取8根3.2厘米长的绒条并在一起，用1根水绿色丝线缠绕铜丝约3厘米长。

4 剪掉丝线，底部线头用树脂胶固定。

5 用镊子先将绒条压开，再将花瓣往里弯曲，做出荷花花苞的造型。

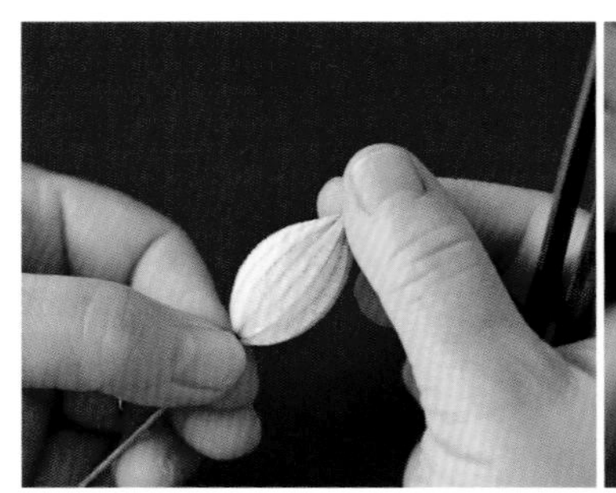
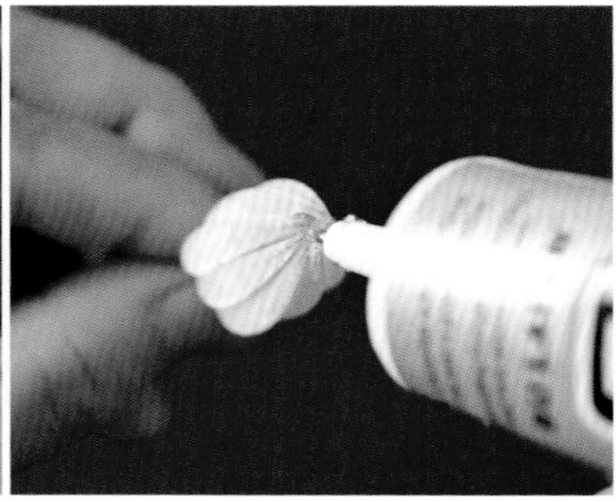

6 用右手捏住花苞尖部，往上轻提调整造型。在尖部挤少量珠宝胶固定绒条。

## 花瓣部分

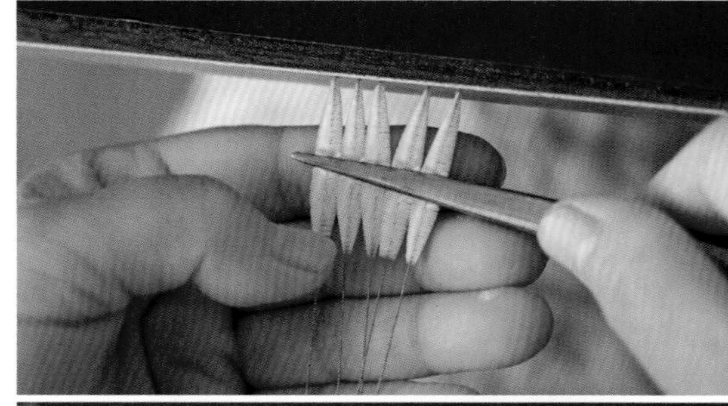

1 开始做荷花里层花瓣。右手用镊子取5根3.5厘米长的绒条，在桌沿碰齐顶部，再用左手将绒条并起来。

2 用镊子分别将两侧的绒条往中间弯曲。右手用镊子夹住花瓣顶部，左手捻紧铜丝。按此方法做好3片里层花瓣。

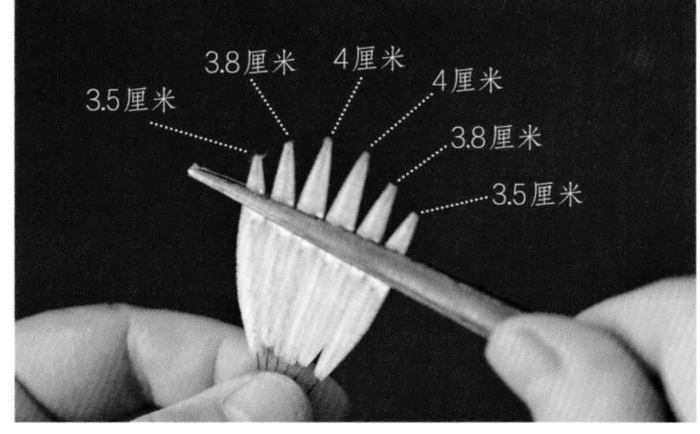


3 开始做外层花瓣。用镊子取6根绒条，长度分别为3.5厘米、3.8厘米、4厘米，每种长度各2根，按如图所示顺序排列。

4 用镊子分别将两侧的绒条划弯，往中间弯曲。右手用镊子夹住花瓣，左手捻紧铜丝。

5 重复“花瓣部分”步骤3和4，做好全部5片外层花瓣。

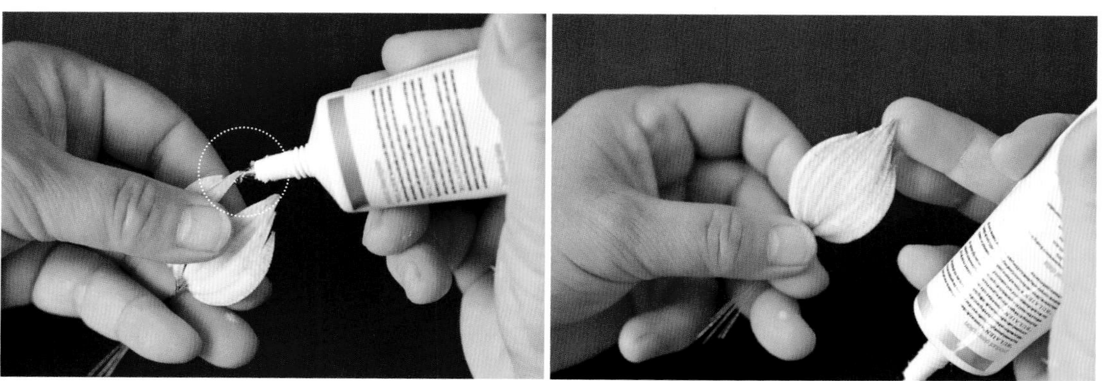

6 在所有里层和外层荷花花瓣绒条尖部间隙处，挤少量珠宝胶，做固定。

## 荷叶部分

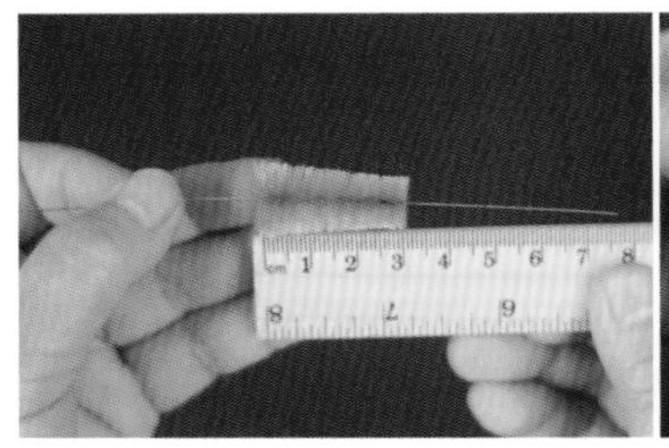
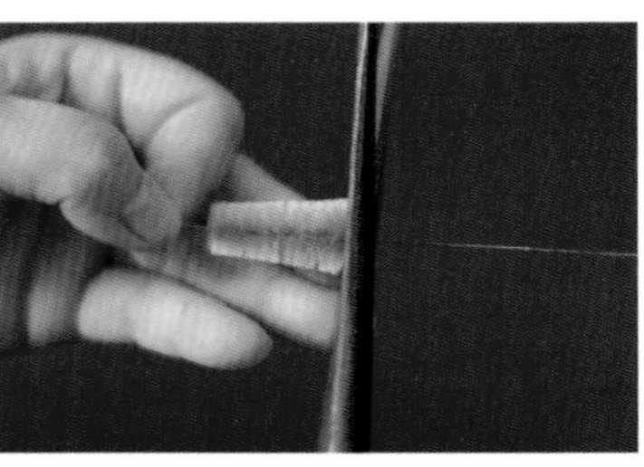

1 准备16根斜边长约3厘米的水绿色绒条，剪去稍宽一头的铜丝。

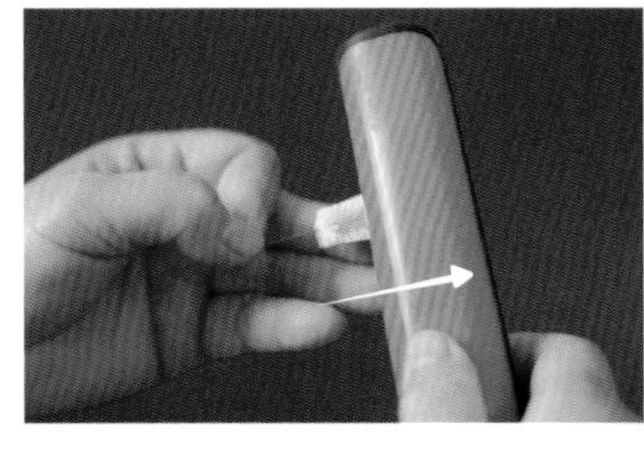
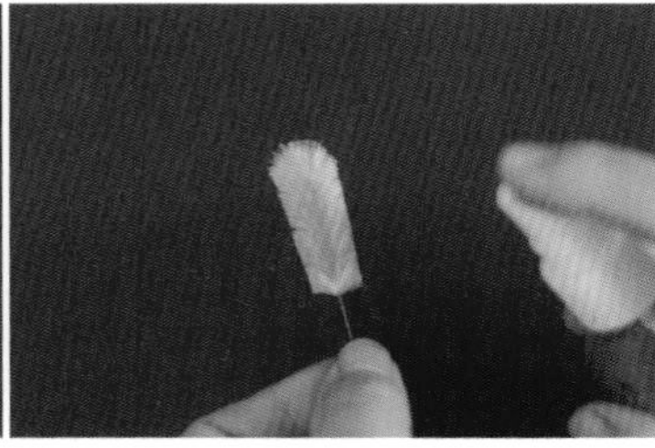

2 用预热好的夹板从下往上夹平叶子，将定型喷雾喷到叶子两面，再用夹板夹一次定型。

3 做好的部分扁形绒条。

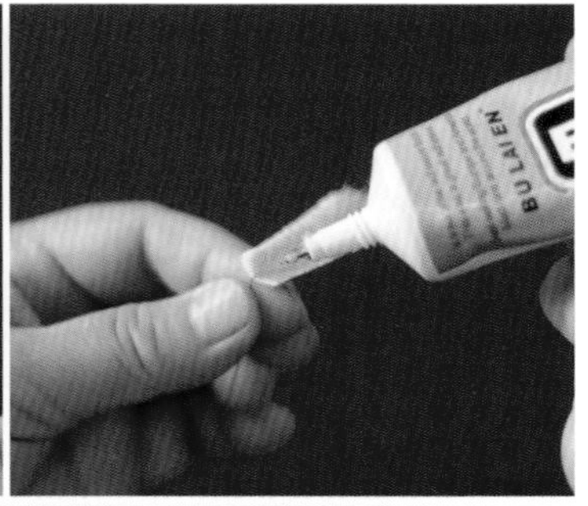

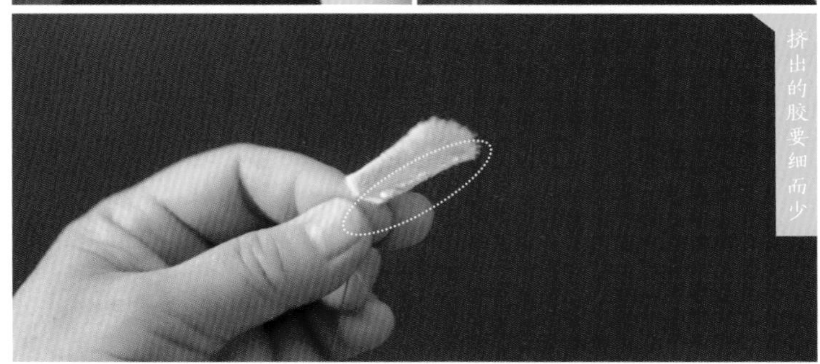

挤出的胶要细而少

4 取1片叶子，用镊子弯折铜丝。贴着绒条一侧边缘挤少量珠宝胶。

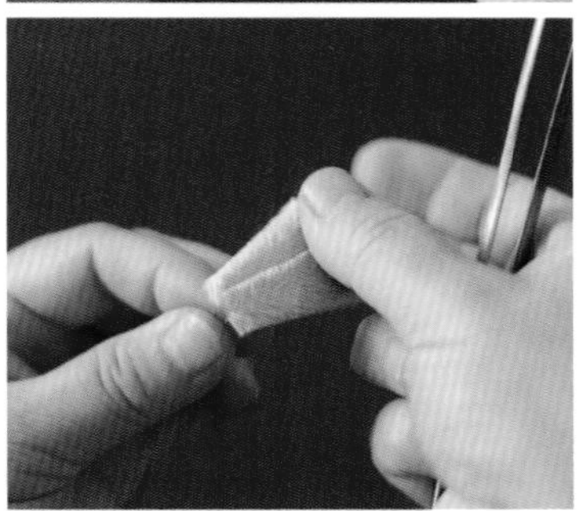

叶片上下重叠约三分之一

5 用镊子将第2片叶子粘在第1片叶子上，用手轻压固定。

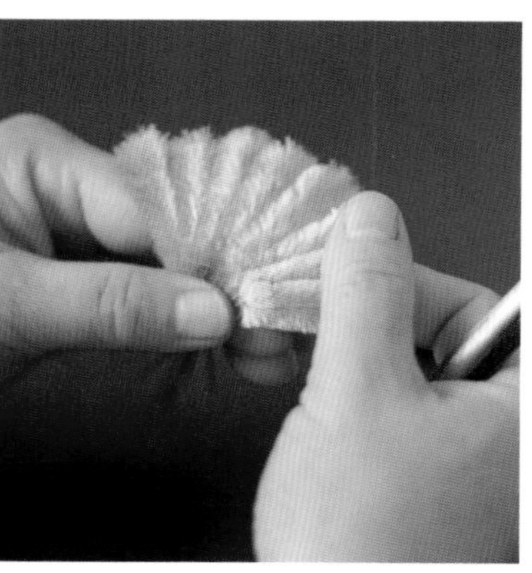

6 重复“荷叶部分”步骤4和5的方法，顺着一个方向依次粘上所有叶子。每粘上1片，都要用手轻压固定。

7 所有叶片粘完后，可以再用夹板夹平一次。

8 用1根水绿色丝线缠绕荷叶底部铜丝约3厘米长，剪掉丝线，底部线头用树脂胶固定。

9 取1个圆形硬纸板，放在荷叶上方，用剪刀沿着纸板的边缘修剪荷叶。

10 取下纸板，用剪刀对不圆滑的荷叶边缘进行修剪，再将开口处剪成圆角。

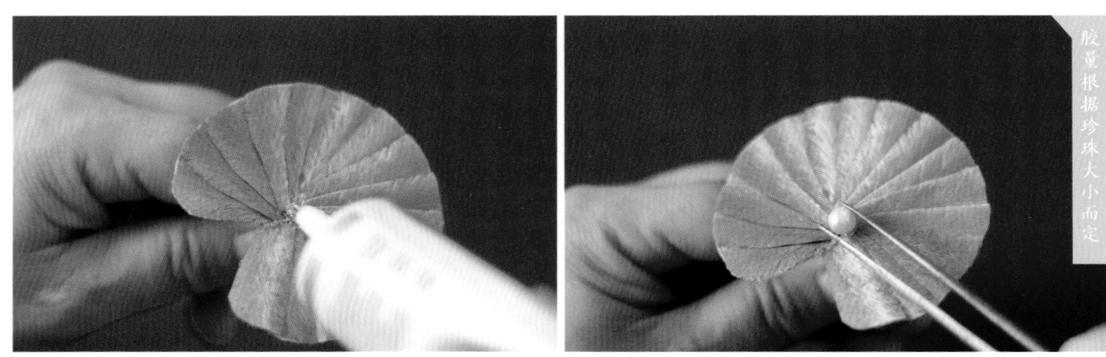


11 在圆心处挤少量珠宝胶，用镊子取一颗大珍珠粘在胶上。

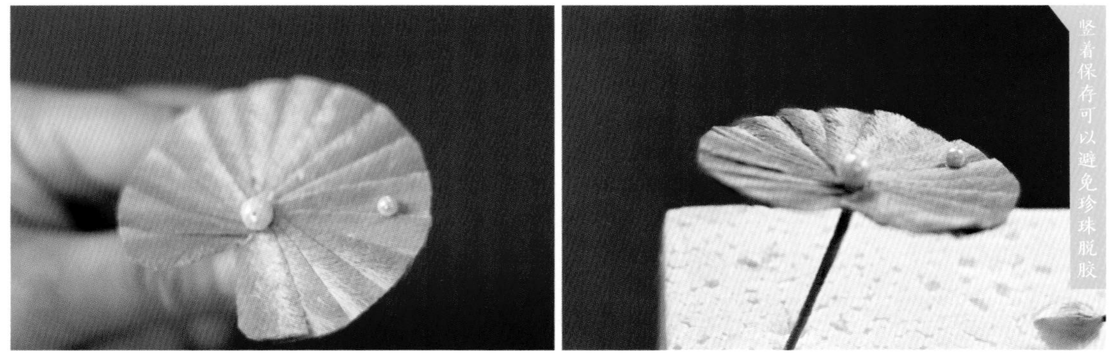


12 用同样的方法，在荷叶边缘处粘上1颗小珍珠。将做好的荷叶半成品插入泡沫块，等胶完全干透再组装。

## 组装

1 用镊子给荷花花瓣做造型，让其稍微弯曲。

2 取1撮黄色丝线，剪取约3厘米长，对折，作为花蕊。

3 在花蕊外侧，依次加上3片里层花瓣，用水绿色丝线缠绕几圈。

4 在里层花瓣外侧，依次加上5片外层花瓣，用水绿色丝线缠绕几圈。再用镊子调整花瓣造型。

5 取花苞部分，稍微弯曲花秆，与荷花并在一起，用丝线缠绕几圈。花苞稍微往外伸。

6 取荷叶部分，稍微弯曲叶枝，加在花苞旁。再用丝线缠绕铜丝约1厘米长。调整荷叶铜丝的角度，以免挤压花瓣。

7 用剪铜丝剪刀剪去底部多余的铜丝。

8 取1根双股簪，簪子左侧主体与花枝重合约1厘米，再用水绿色丝线缠绕约1厘米长。剪去丝线，底部线头用树脂胶固定。

## 组装

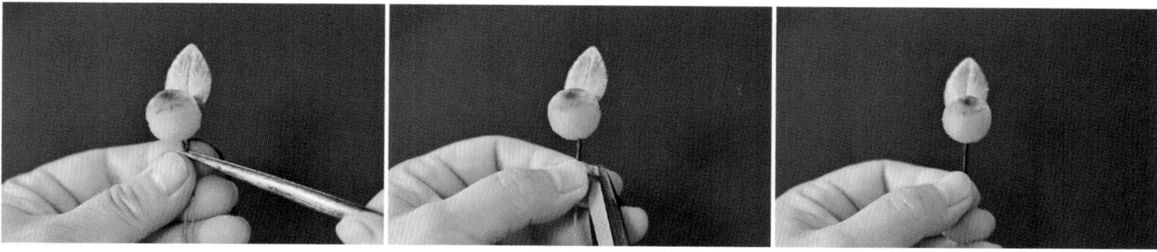

1 取1片叶子，在下方加上1颗枇杷果实，用丝线缠绕铜丝约2厘米长。剪掉丝线，底部线头用树脂胶固定。重复该步骤，做好2组枇杷果实和叶子组合。

2 取1组2片叶子，在其下方加上2颗枇杷果实，用红褐色丝线缠绕铜丝约2厘米长。剪掉丝线，底部线头用树脂胶固定。

3 如图所示，做好全部枇杷果实和叶子组合。

4 取枇杷①和枇杷②，上下并好，用红褐色丝线缠绕几圈。再加上枇杷③，继续用丝线缠绕铜丝约1厘米长。

5 剪掉丝线，底部线头用树脂胶固定。用剪铜丝剪刀剪去底部多余的铜丝。

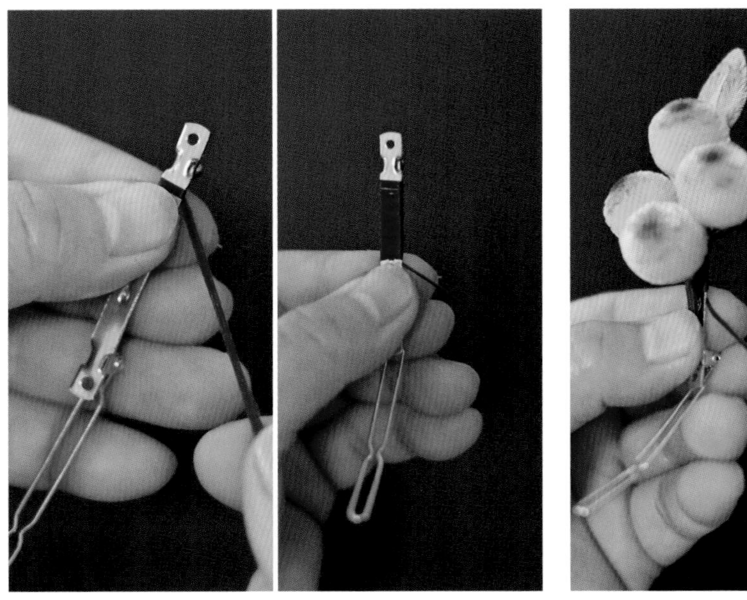

6 取1个发夹，用红褐色丝线在靠近夹口的位置，从上往下缠绕。

7 缠到发夹长度还剩约1厘米时加上枇杷，继续用丝线缠绕发夹约1厘米长。剪掉丝线，底部线头用树脂胶固定。

8 枇杷发夹制作完成。

# 葡萄

野田生葡萄，缠绕一枝高。移来碧墀下，张王日日高。

【唐】刘禹锡

葡萄歌（节选）

自古以来，葡萄就有很多美好的寓意。葡萄枝叶蔓延，果实累累，贴合人们祈盼丰收富足、子孙绵长、家庭兴旺的愿望，在服饰和器物上多见葡萄纹样。葡萄造型的绒花可做成发饰佩戴。

## 材料与工具

- 绒条 ▪丝线 ▪珍珠 ▪波浪U形簪
- 木尺 ▪传花剪刀 ▪剪铜丝剪刀 ▪镊子 ▪夹板 ▪定型喷雾 ▪树脂胶 ▪胶枪

### 果实部分

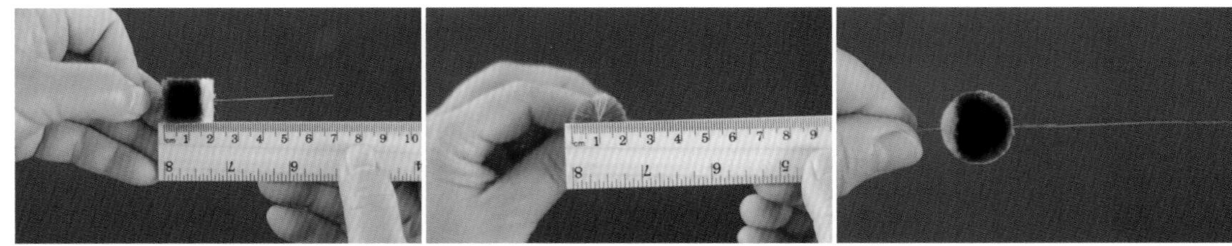

1 准备9根长约2厘米、直径约2厘米的紫色、黄色拼色绒条，用传花剪刀球形打尖。

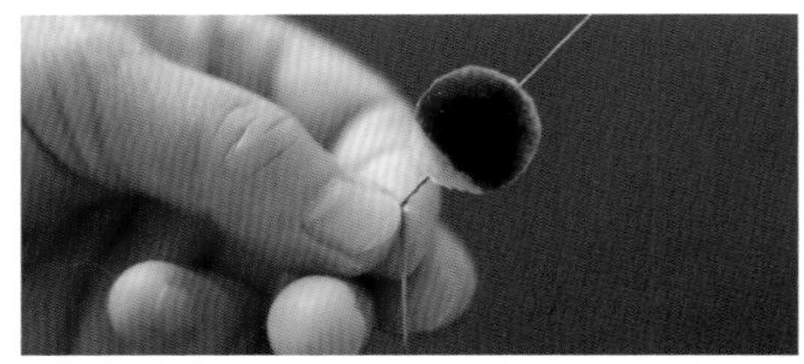

2 取1根绒条，用墨绿色丝线缠绕黄色一端铜丝约4厘米长，剪掉丝线，底部线头用树脂胶固定。

3 重复步骤2，做好全部9颗葡萄果实。

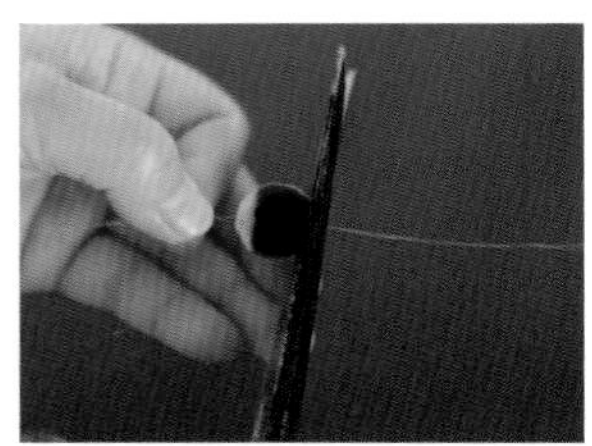

4 用剪刀剪去所有葡萄紫色一端的铜丝。

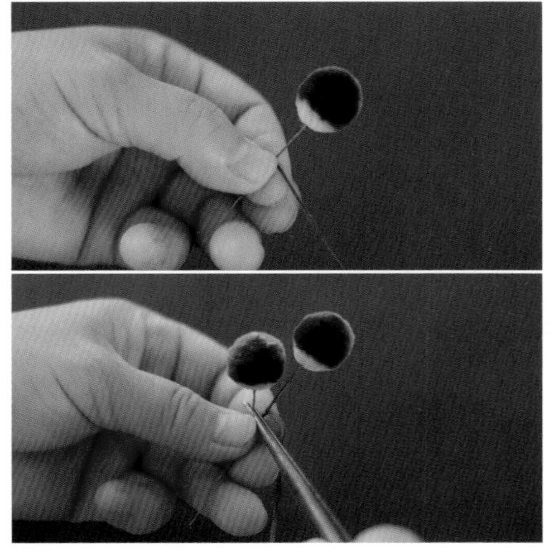

5 开始制作葡萄串。取1颗葡萄果实，将墨绿色丝线并在离果实底部约1厘米处，加上第2颗果实，用丝线缠绕几圈。

6 如图所示，依次加上第3~9颗葡萄果实，每加1颗果实，就用墨绿色丝线缠绕几圈，既能使葡萄串自然松散，又能保证牢固。

## 叶子部分

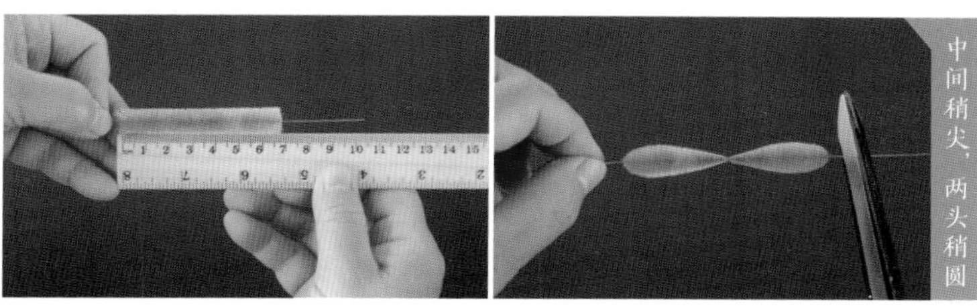


1 准备6根约7厘米长的浅绿色、橘色拼色绒条，根据叶子形态用传花剪刀对半打尖。

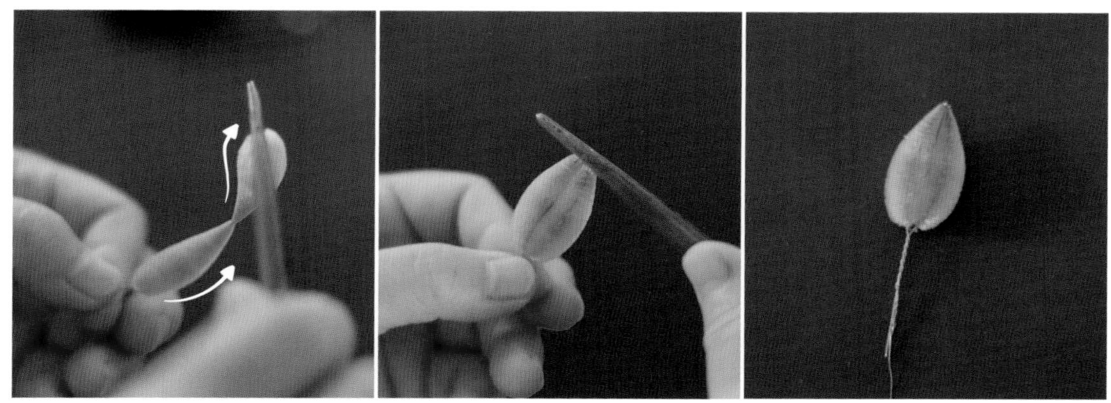

2 用镊子稍微划弯绒条，做出叶子边缘的弧度，之后从中间夹住绒条对折。右手用镊子夹住叶子顶部，左手捻紧铜丝，固定好。

3 用预热好的夹板从下往上将叶子夹平，将定型喷雾喷到叶子两面，再用夹板夹一次定型。

4 用剪刀在叶子两侧分别剪出2个三角形。

5 重复“叶子部分”步骤2~4，做好全部6片叶子。

6 取1片叶子，用1根墨绿色丝线缠绕几圈，在两侧各加上1片叶子，用丝线缠绕铜丝约2厘米长。剪掉丝线，底部线头用树脂胶固定。做好全部2组叶子。

7 用镊子将叶子往里弯曲，做出微微内收的形态。

## 组装

1 准备好葡萄串和2组叶子。

2 取葡萄串和1组叶子，用墨绿色丝线缠绕几圈，再加上另1组叶子，继续缠绕铜丝约1厘米长。

3 用剪铜丝剪刀剪去底部多余的铜丝。

4 取一个波浪U形簪，左侧簪子主体与铜丝重合1厘米左右，用墨绿色丝线缠绕。

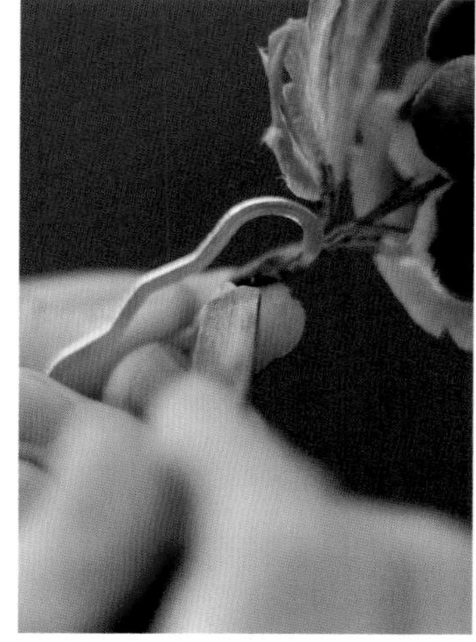

5 剪掉丝线，底部线头用树脂胶固定。

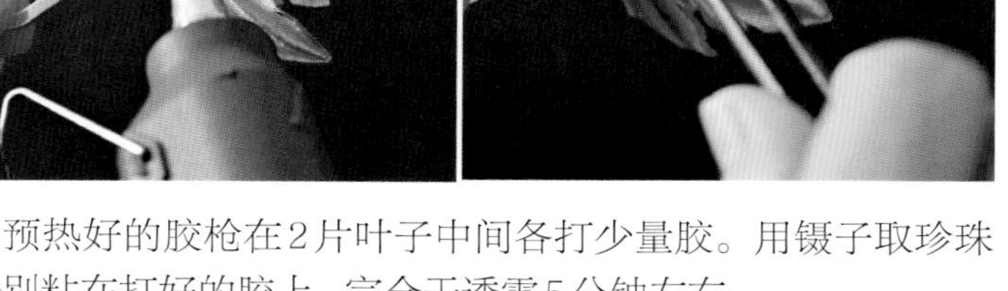

用胶枪可避免滴胶、漏胶

6 用预热好的胶枪在2片叶子中间各打少量胶。用镊子取珍珠分别粘在打好的胶上，完全干透需5分钟左右。

7 葡萄发簪制作完成。

**小技巧：**粘在叶子上的2颗珍珠仿佛2滴将要滑落的水珠，这一“点睛之笔”能让整个葡萄发簪更加灵动。

# 柿子

红绿分佳果，丹青让好辞。遥怜霜落叶，岸帻坐题诗。

谢陈佥惠红绿柿　【宋】刘宰

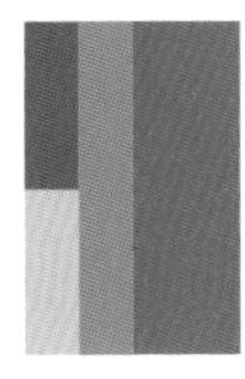

秋天的果园里，火红的柿子如同红灯笼一般挂在枝头，既喜庆，又富有诗情画意。柿子的“柿”和“事”同音，寓意事事如意。以柿子为灵感设计的古风绒花发簪，造型可人、色泽明亮，随意插在发间，就能散发出秀美端庄的气质。

## 材料与工具

▪绒条 ▪丝线 ▪木簪 ▪退火铜丝

▪木尺 ▪传花剪刀 ▪剪铜丝剪刀 ▪镊子 ▪夹板 ▪定型喷雾 ▪树脂胶

### 叶子部分

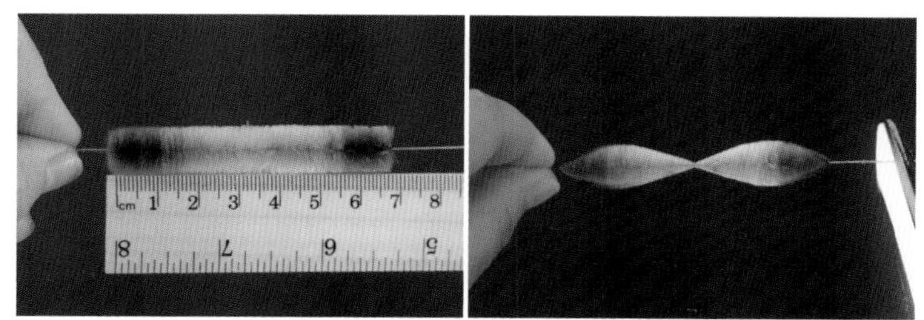

1 准备5根约6.5厘米长的蓝灰色、灰色、黄色拼色绒条，根据叶子形态用传花剪刀对半打尖。

2 用镊子稍微划弯绒条，做出叶子边缘的弧度，之后从中间夹住绒条对折。右手用镊子夹住叶子，左手捻紧铜丝，固定好。

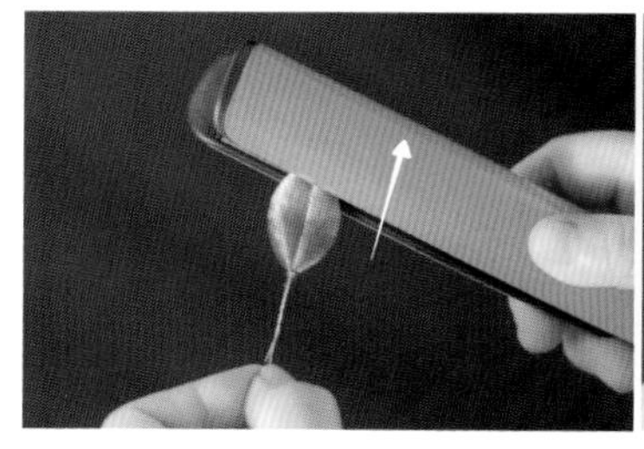

3 用预热好的夹板从下往上夹平叶子，将定型喷雾喷到叶子两面，再用夹板夹一次定型。

4 重复“叶子部分”步骤2和3，做好全部5片叶子。

5 取1根退火铜丝，用蓝灰色丝线从顶端往下缠绕约2厘米长，加上1片叶子，用丝线继续缠绕。

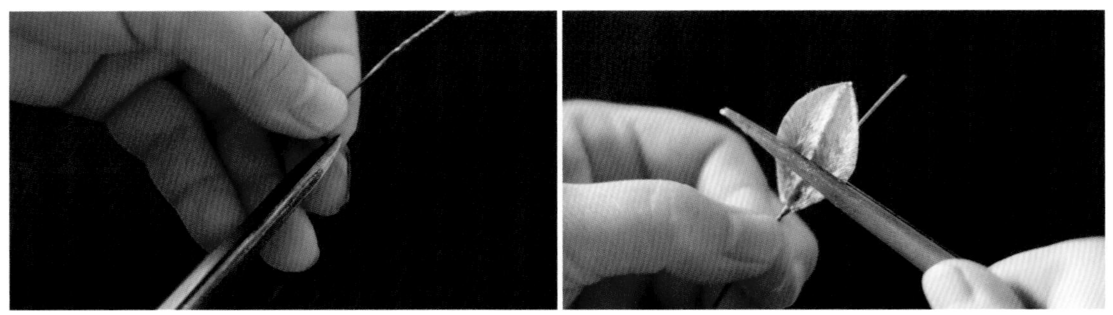

6 丝线缠绕约3厘米长时，剪掉丝线，底部线头用树脂胶固定。用镊子调整叶片的形态。

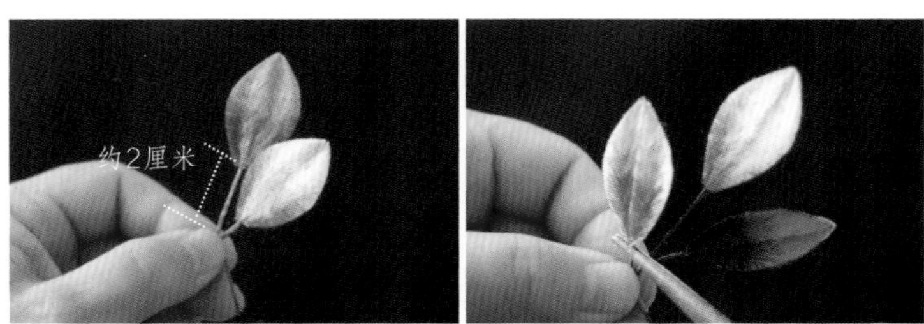


7 另取1片叶子，用蓝灰色丝线缠绕约2厘米长。加上第2片叶子，用丝线缠绕几圈，再加上第3片叶子。

8 丝线缠绕铜丝约1厘米，剪掉丝线，底部用树脂胶固定。

## ◎ 果实部分

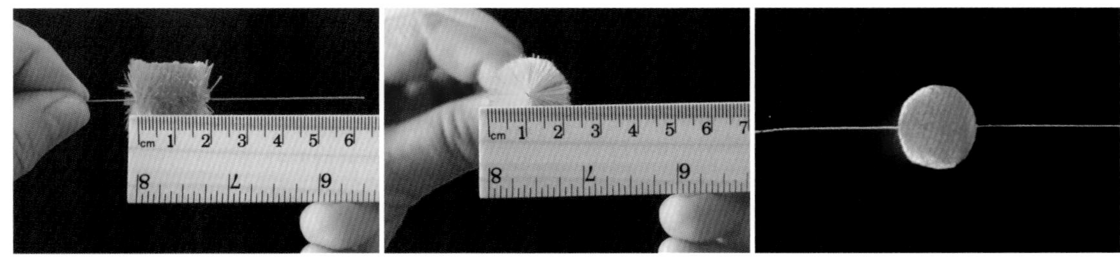

1 准备3根长约2厘米、直径约2厘米的橘色、黄色拼色绒条，用传花剪刀球形打尖。

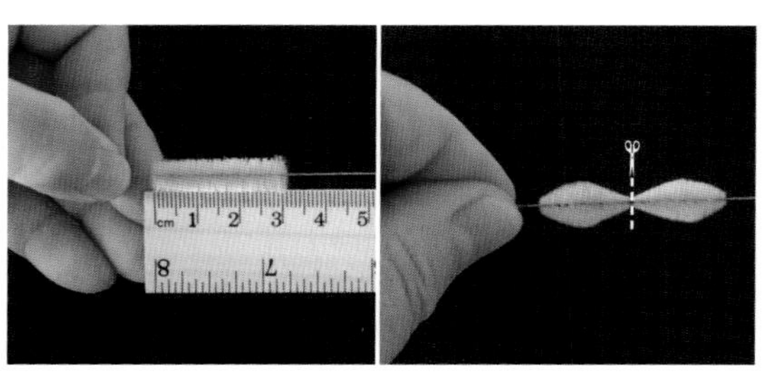


2 准备5根约3厘米长的浅蓝色绒条，用传花剪刀对半打尖，然后用剪刀从中间剪开。

3 用预热好的夹板、定型喷雾将所有绒条夹平、定型。做好全部柿蒂，留取9片。

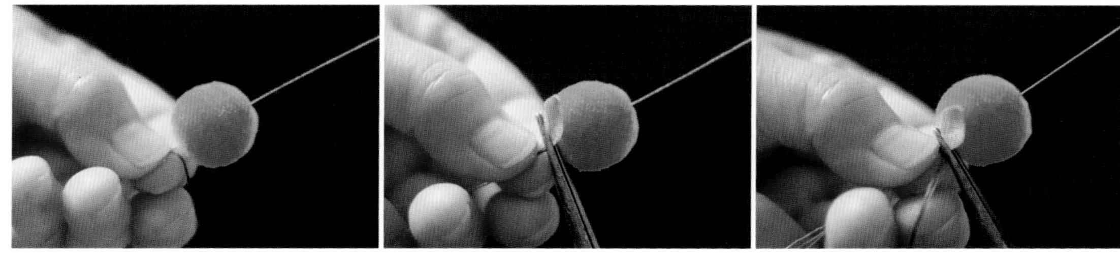

4 开始组装柿子果实和柿蒂。取1颗柿子果实，在黄色一端加上3片柿蒂，用1根墨绿色丝线缠绕。

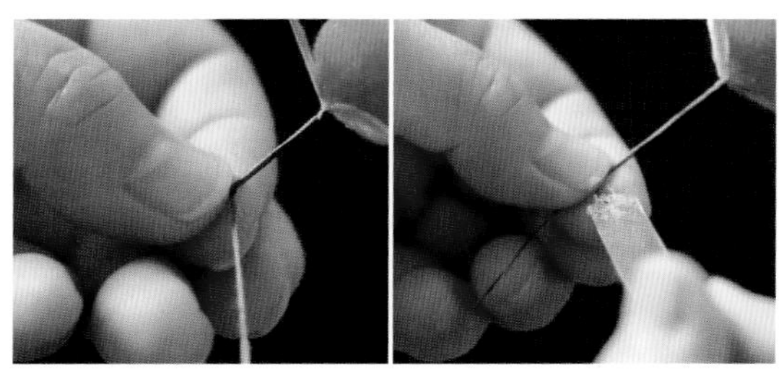

5 用丝线缠绕铜丝约2厘米长，剪掉丝线，底部线头用树脂胶固定。

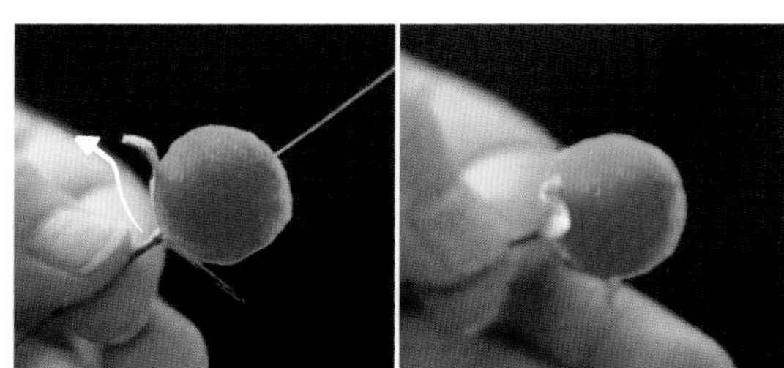

6 用镊子弯曲柿蒂，之后用剪刀剪掉柿子果实一端铜丝。重复“果实部分”步骤4~6，做出全部3颗带柿蒂的果实。

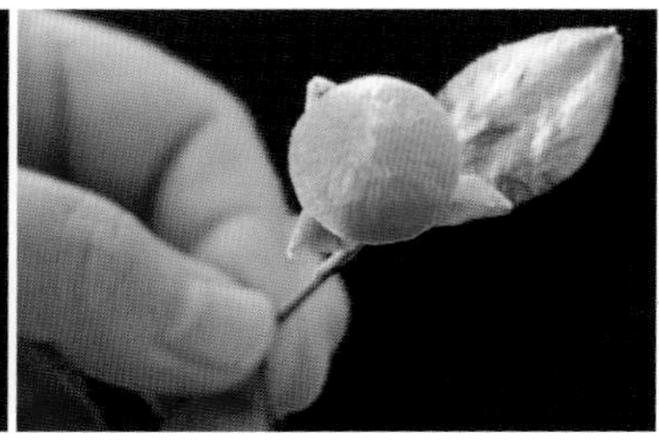

7 开始组装果实和叶子。取1颗带柿蒂的果实和1片叶子，用墨绿色丝线缠绕铜丝约2厘米长。剪掉丝线，底部线头用树脂胶固定。

## 组装

1 准备好所有待组装的部分。

2 取1组3片叶子，用镊子弯曲叶子做造型。加上柿子①，用墨绿色丝线缠绕铜丝约2厘米长，剪掉丝线，底部线头用树脂胶固定。

3 在步骤2的基础上，加上单片叶子和柿子②，位置如图所示，用墨绿色丝线缠绕铜丝约1厘米。

4 取1根木簪，用丝线将做好的部分缠绕在离木簪顶端约2厘米处。

5 用剪铜丝剪刀剪掉底部多余的铜丝，加上柿子③，用丝线继续缠绕簪子约1厘米长。

6 剪掉丝线，底部线头用树脂胶固定。用镊子调整果实和叶子，使整体的造型更加美观。

7 柿子发簪制作完成。

# 凤尾

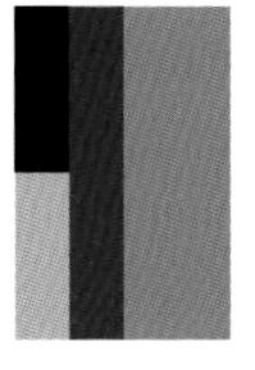

凤凰为中国古代神话中的鸟类神兽组合，雄为凤，雌为凰。人们把凤凰尊为“吉祥之鸟”“太平之象”“稀世之瑞”，凤凰至则吉祥来。凤凰翎羽高贵，尤其尾巴上的羽毛美丽非凡，寓意获得赏识与好运。

## 材料与工具

- 绒条 - 丝线 - 铜丝 - 珍珠
- 木尺 - 传花剪刀 - 镊子 - 树脂胶

### 两侧翎羽

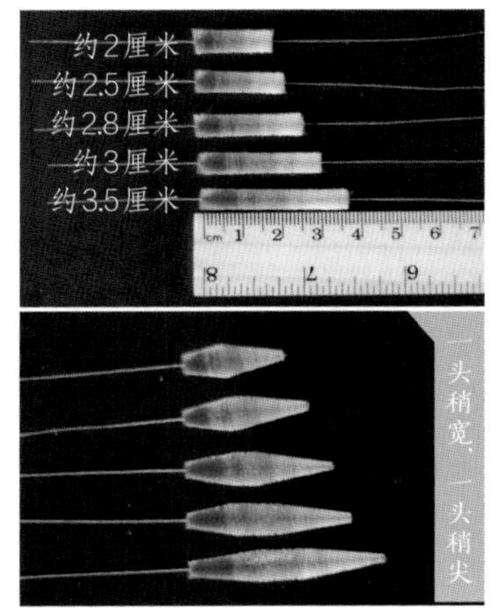


1 准备5种长度不一的深蓝色、蓝色、白色渐变绒条各2根（长度如图所示），用传花剪刀两头打尖，再剪去绒条稍尖一端的铜丝。

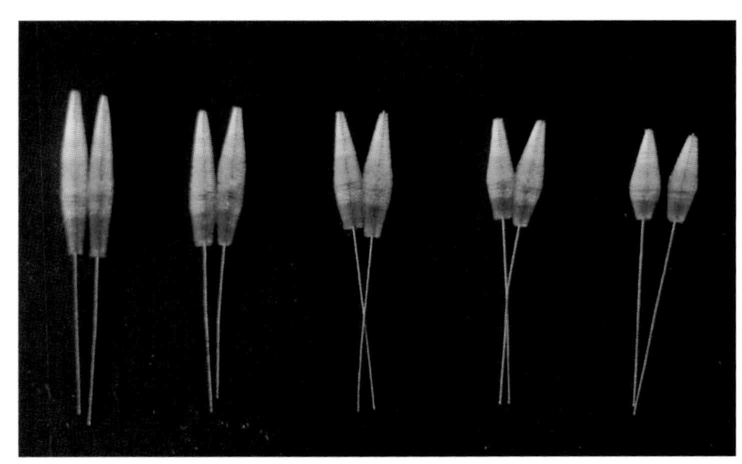

2 每种长度做好1对绒条。

### 顶部翎羽

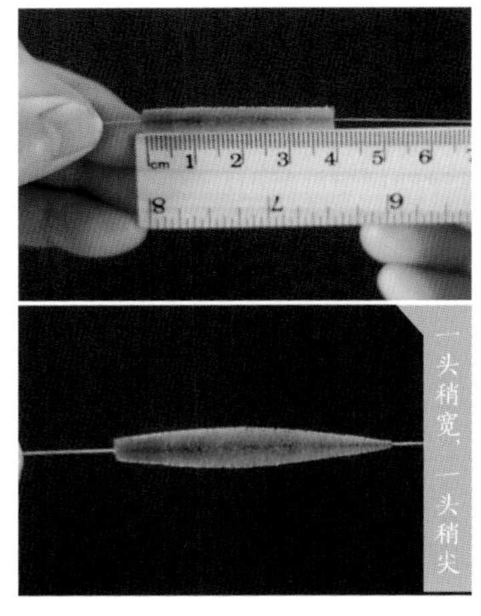


1 准备7根约4厘米长的深蓝色、青色渐变绒条，用传花剪刀两头打尖。

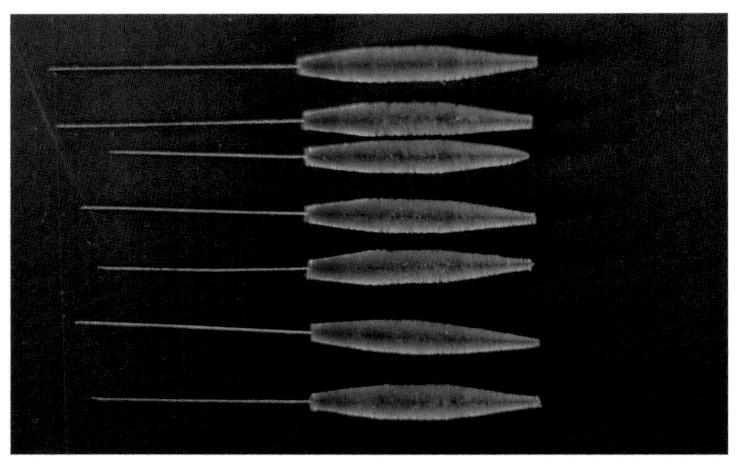

2 剪去绒条稍尖一端的铜丝，做好全部7根绒条。

## 组装

1 取3根蓝色、青色渐变翎羽，用青色丝线缠绕几圈。在两侧各加1根顶部翎羽，并用丝线缠绕几圈。

2 用镊子分别将两侧的翎羽绒条弯曲，做出造型。

3 再在两侧各加1根顶部翎羽，用丝线缠绕几圈。

4 用镊子分别将最外侧的翎羽绒条弯曲，做出造型，做好顶部的翎羽。再用丝线缠绕铜丝约1厘米长。

5 取1对最长的蓝、白色渐变翎羽，并在顶部翎羽下方，用丝线缠绕铜丝约1厘米长。

6 依次加上比上一层短的蓝、白色渐变翎羽。每加1对，就用丝线缠绕几圈。

## 蝴蝶身躯和触角

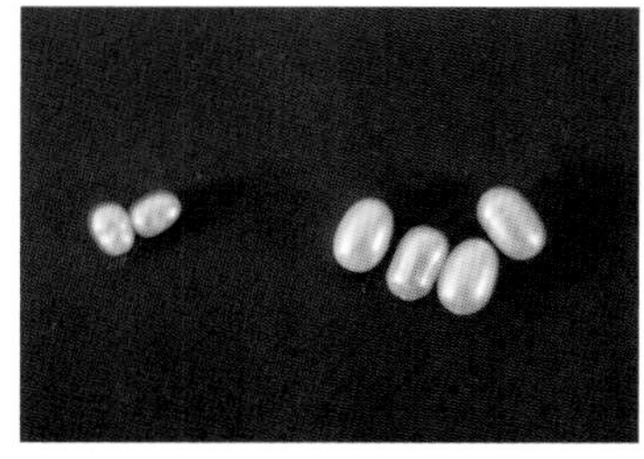

1 准备2颗小珍珠、4颗大珍珠。

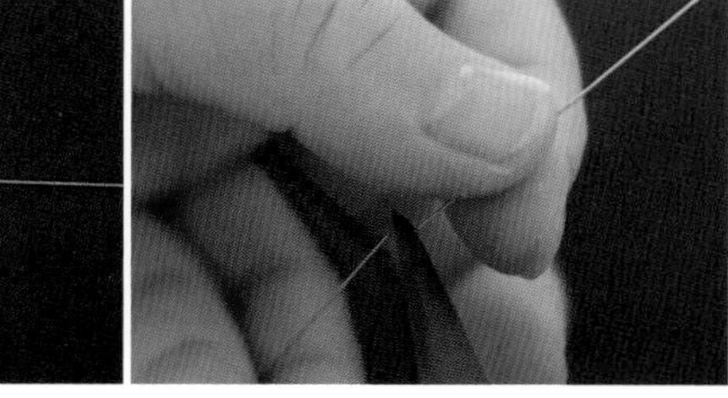

2 取1根生铜丝，从中间剪开。

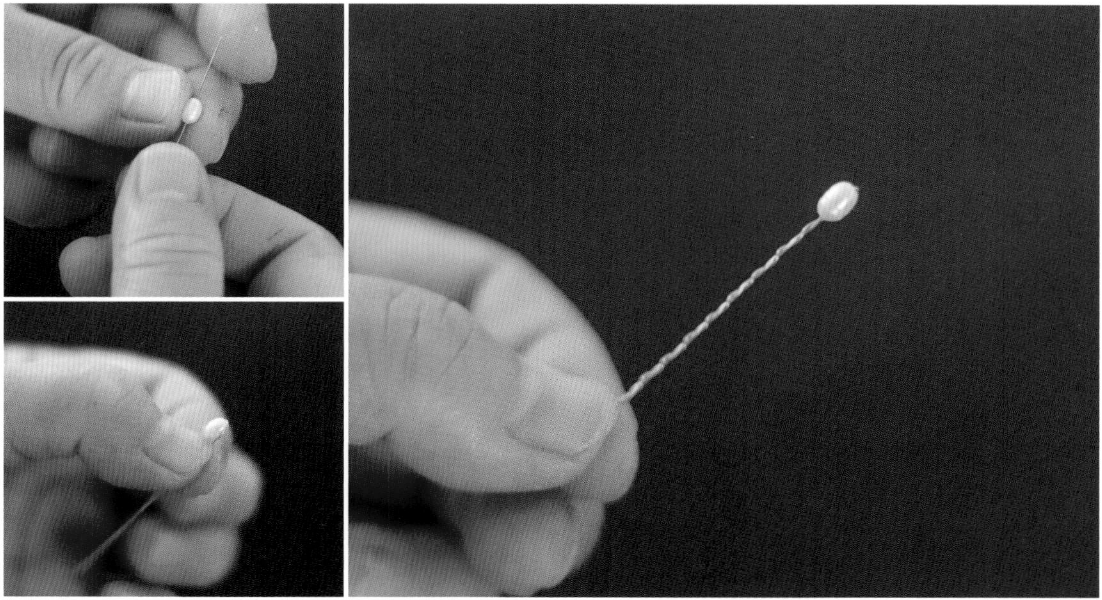

3 将1颗小珍珠穿过生铜丝，到中间位置时将铜丝对折，拧成螺旋状，当作蝴蝶的触角。重复该步骤再做1根触角。

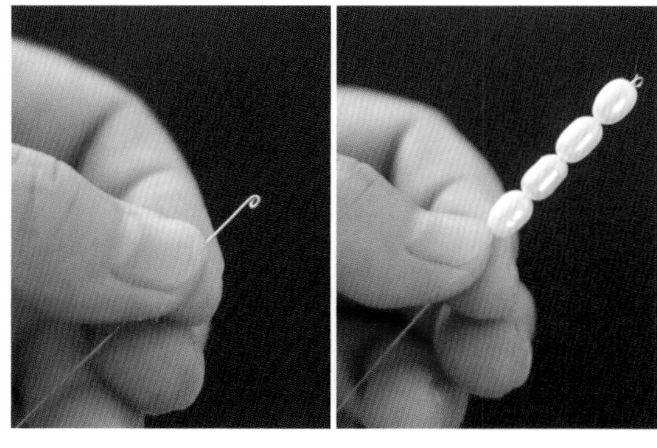

4 接下来做蝴蝶身躯。取1根生铜丝，用镊子将一端卷起1个小圈，从底部穿入4颗大珍珠。

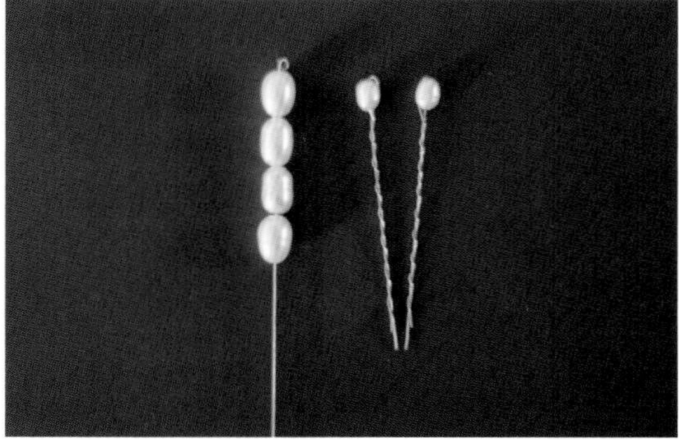

5 完成蝴蝶的1个身躯和2根触角。

## 组装

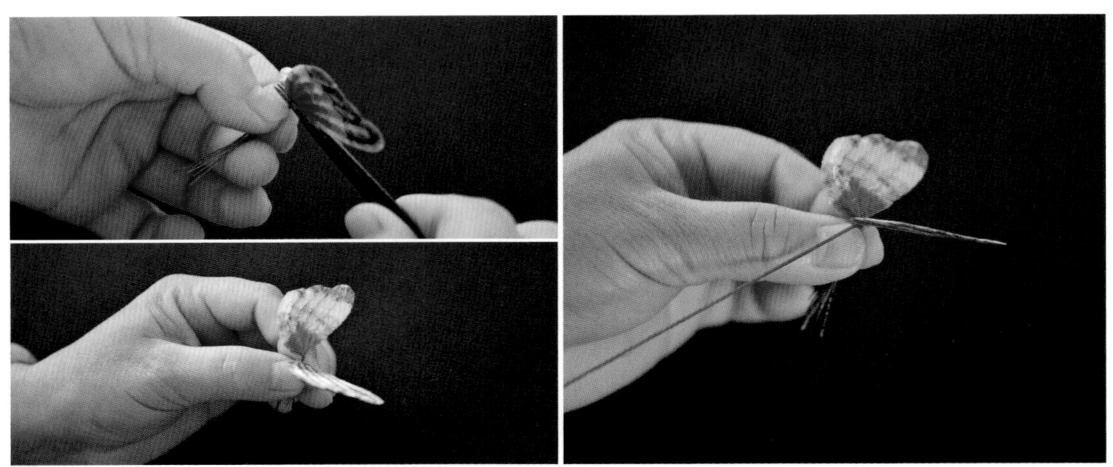

1 取1对大翅膀并在一起，用镊子将翅膀往外压，做出展翅的形态。用1根紫红色丝线缠绕几圈。

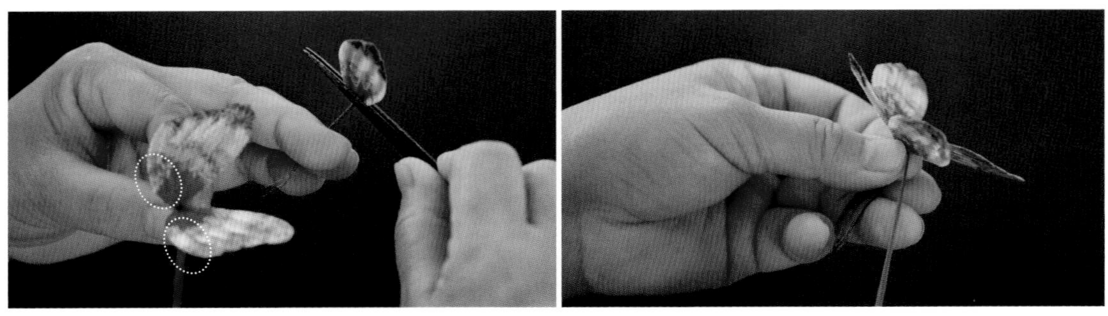

2 在1对大翅膀下方分别加上1片小翅膀，再用丝线缠绕几圈。

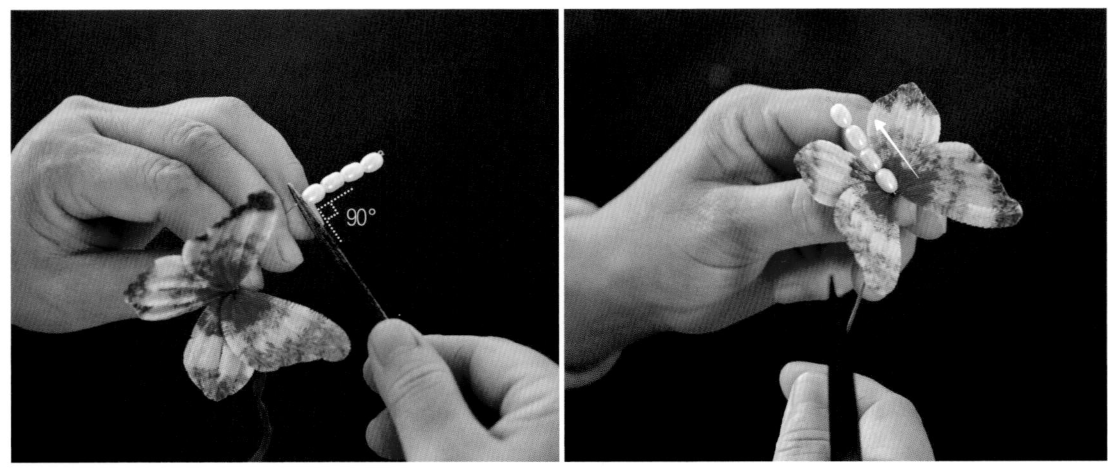


3 取蝴蝶身躯，用镊子将铜丝弯折90°，身躯的第一颗珍珠位于大翅膀下方，用丝线缠绕几圈。

4 取2根触角加在蝴蝶身躯正前方，用丝线继续缠绕铜丝约1厘米长。

5 用剪铜丝剪刀剪去底部多余的铜丝。

6 取1根胸针，胸针一端与铜丝重合约1厘米长。用丝线继续缠绕胸针约1厘米长，剪掉丝线，底部线头用树脂胶固定。

7 蝴蝶胸针制作完成。

# 国宝熊猫

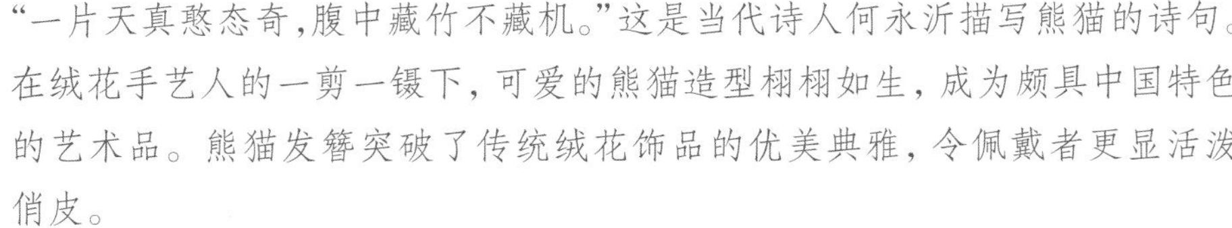

“一片天真憨态奇，腹中藏竹不藏机。”这是当代诗人何永沂描写熊猫的诗句。在绒花手艺人的一剪一镊下，可爱的熊猫造型栩栩如生，成为颇具中国特色的艺术品。熊猫发簪突破了传统绒花饰品的优美典雅，令佩戴者更显活泼俏皮。

## 材料与工具

- 绒条 ▪丝线 ▪单股簪 ▪无纺布
- 木尺 ▪传花剪刀 ▪剪铜丝剪刀 ▪镊子 ▪胶枪 ▪树脂胶

### 熊猫身体

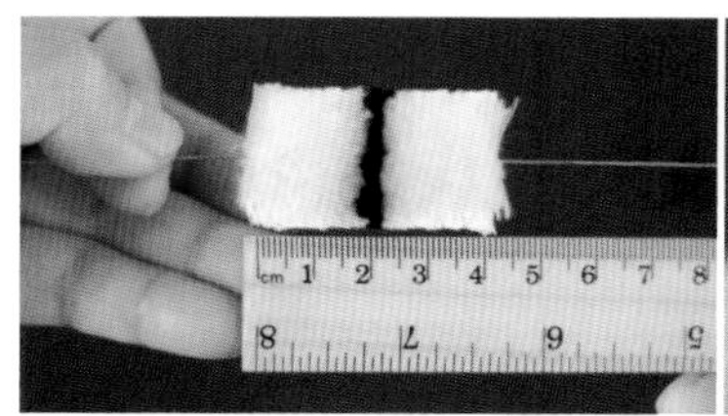
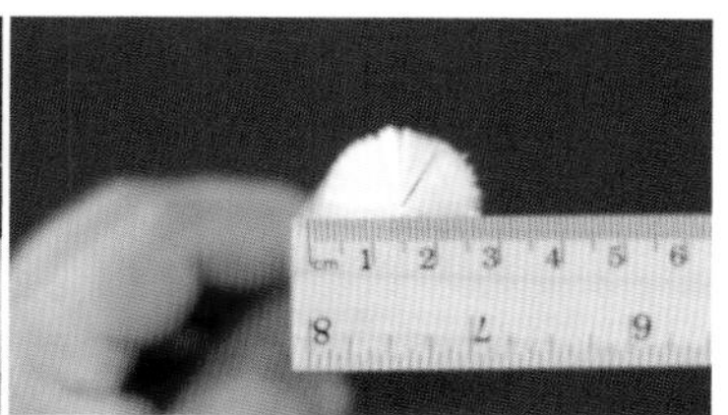

1 准备1根长约4厘米、直径约2.5厘米的白色、黑色拼接绒条。

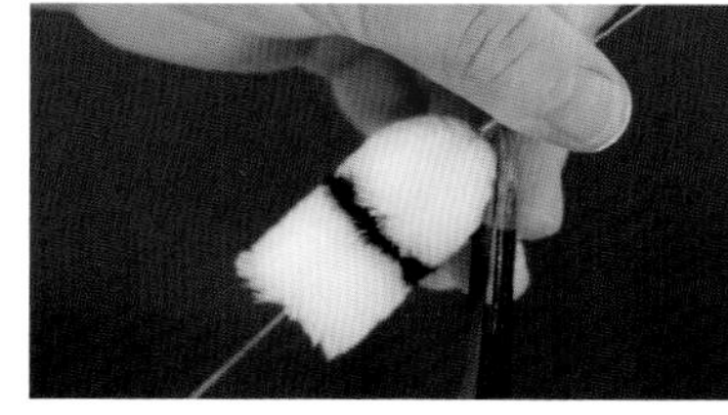
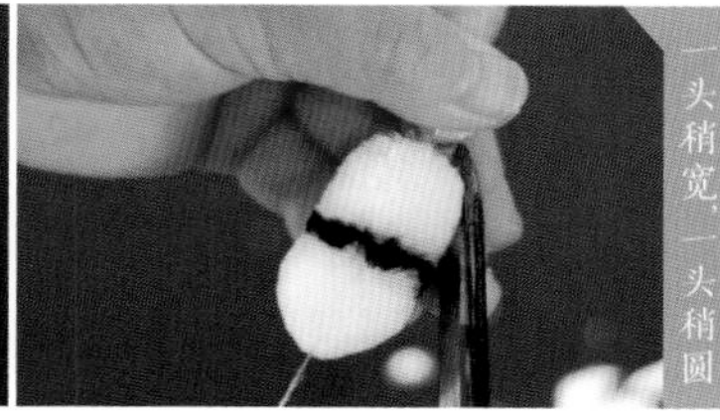

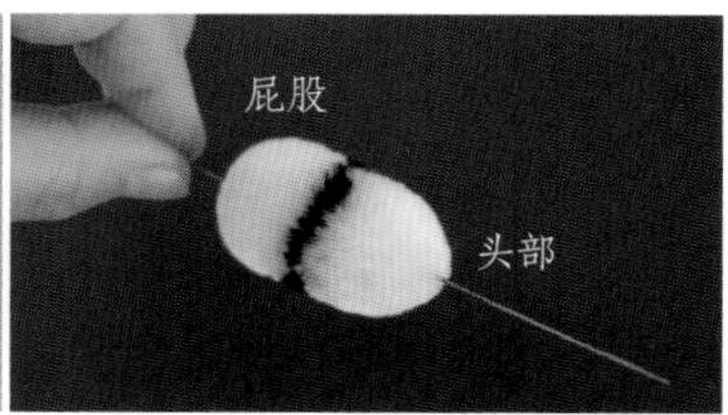


2 根据熊猫体形用传花剪刀两头打尖，做出熊猫的屁股和头部。

### 熊猫四肢和耳朵

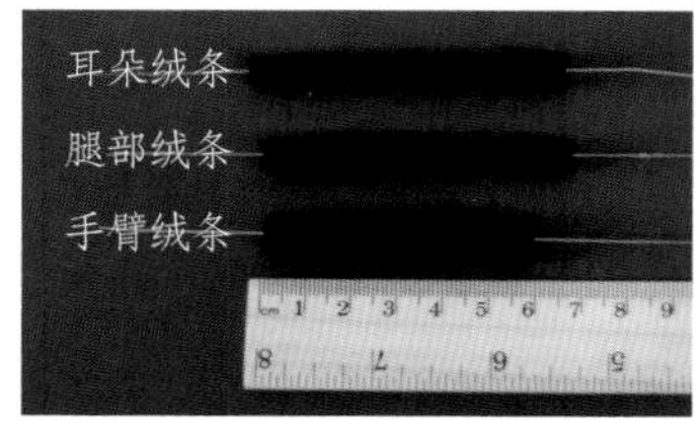


1 准备3根黑色绒条，长度分别为约6厘米、约6.5厘米、约7厘米。

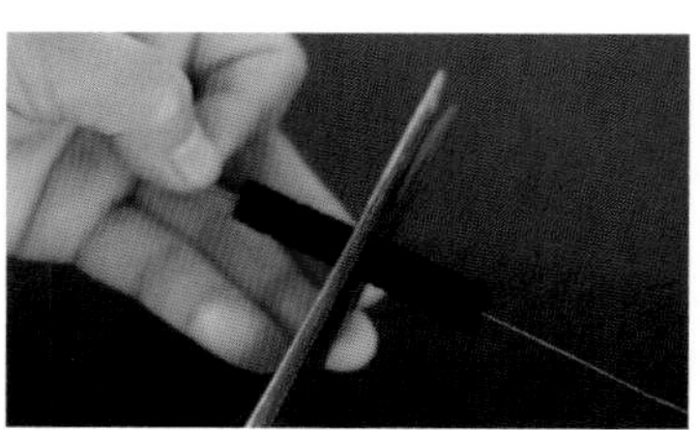


2 取手臂绒条和腿部绒条，分别从中间剪开，用两端稍圆的打尖方法做出熊猫的腿和手臂。剪去一端铜丝。

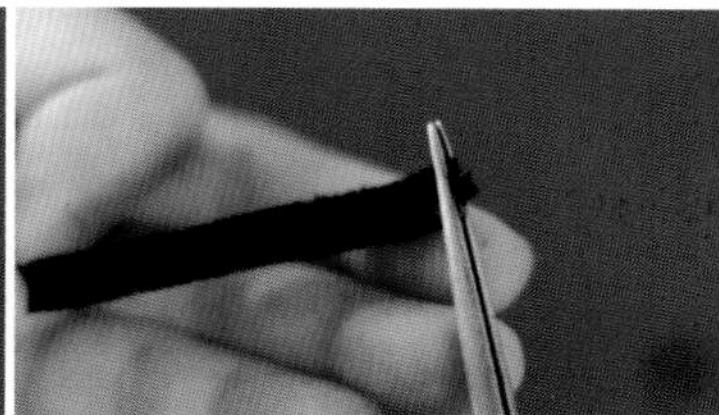

3 取耳朵绒条，用剪刀剪去一端铜丝。用镊子捏住前端，往里卷一下，再用剪刀剪下半弧形的绒条。

4 将半弧形的绒条作为熊猫的耳朵。按照“熊猫四肢和耳朵”步骤3的方法，做好2只耳朵。

## 竹子部分

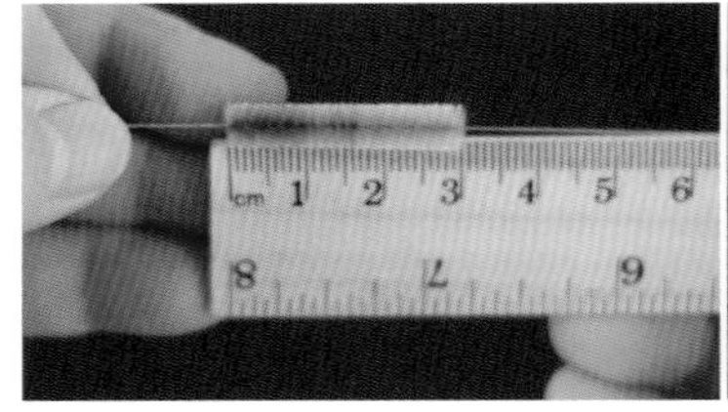

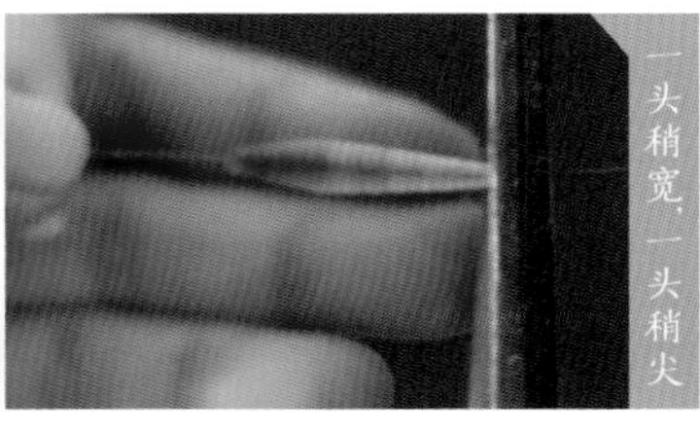


1 准备6根约3厘米长的绿色、草绿色渐变绒条，用传花剪刀两头打尖。剪去草绿色一端的铜丝。

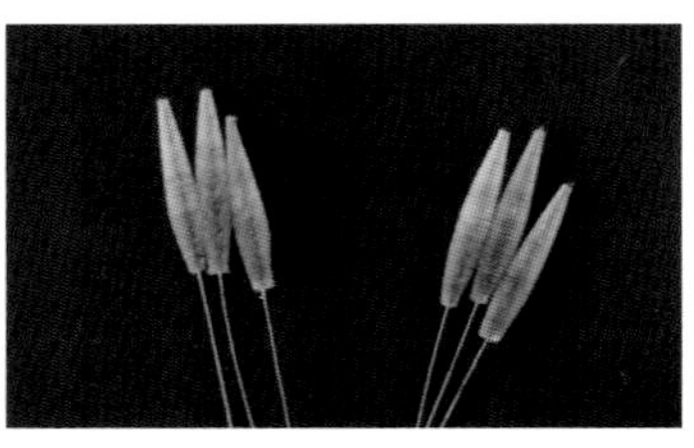

2 重复“叶子部分”步骤1，做好全部6片竹叶。

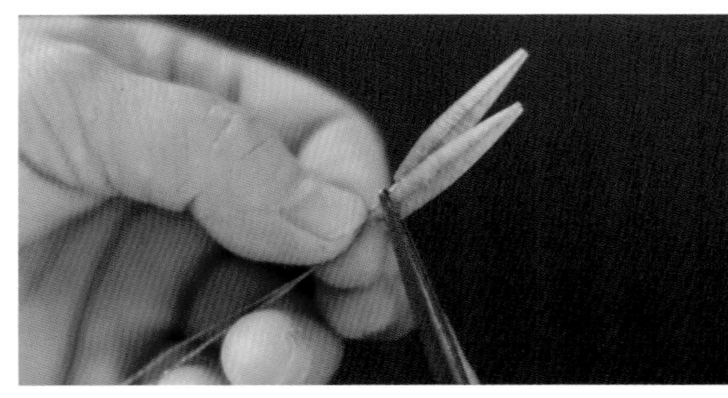

3 取1片竹叶，用绿色丝线缠绕铜丝几圈，在如图所示位置加上第2片竹叶，继续缠绕铜丝约1厘米长。重复该步骤，做好剩下2组竹叶。

4 取1组竹叶，依次加上另外2组竹叶，用丝线缠绕铜丝约2厘米长。剪掉丝线，底部线头用树脂胶固定。

5 用剪刀剪去底部多余的铜丝。

## 组装

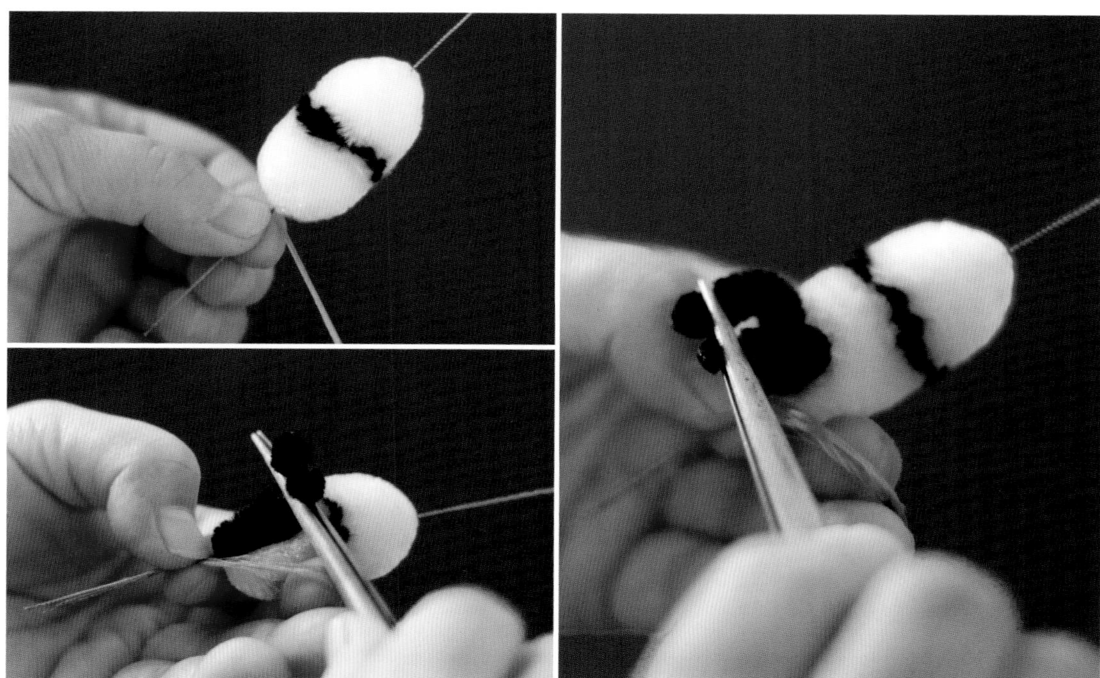

1 取1根绿色丝线，将熊猫屁股一端的铜丝缠绕几圈。加上两条腿，用镊子将它们弯曲。

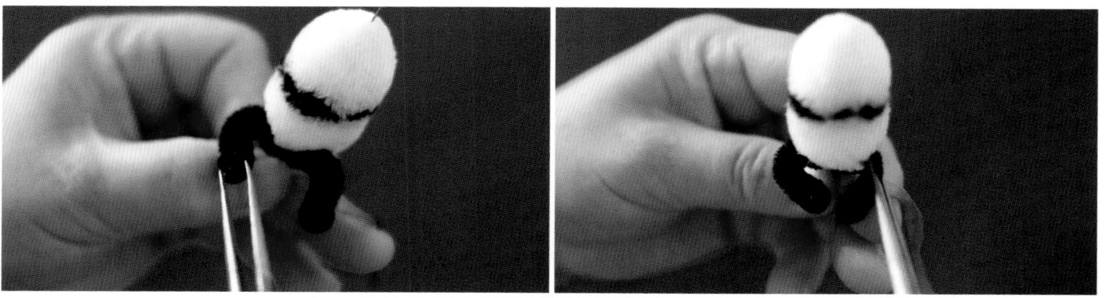

2 用镊子调整熊猫腿部姿势，呈现坐着的姿态。

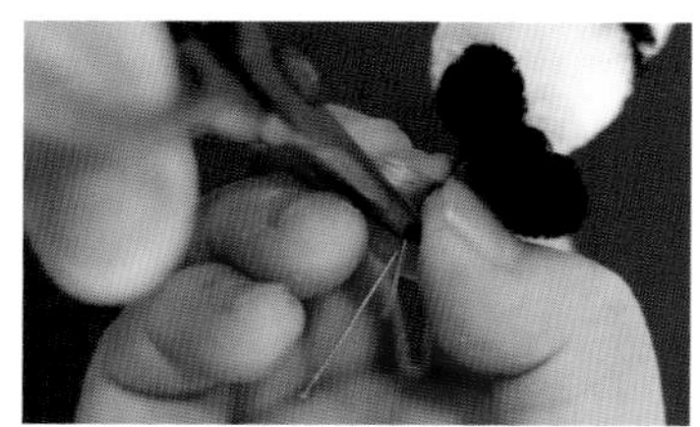

3 用剪铜丝剪刀剪去多余的铜丝。

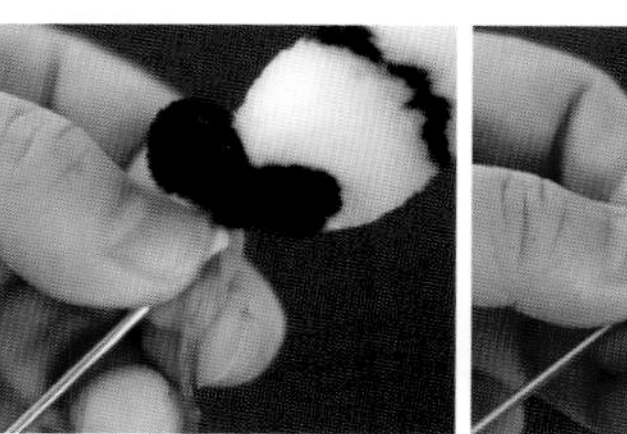

4 取1根单股簪，一端蘸取树脂胶，粘在铜丝底部约0.5厘米处。用丝线缠绕簪子约1厘米。剪掉丝线，底部线头用树脂胶固定。

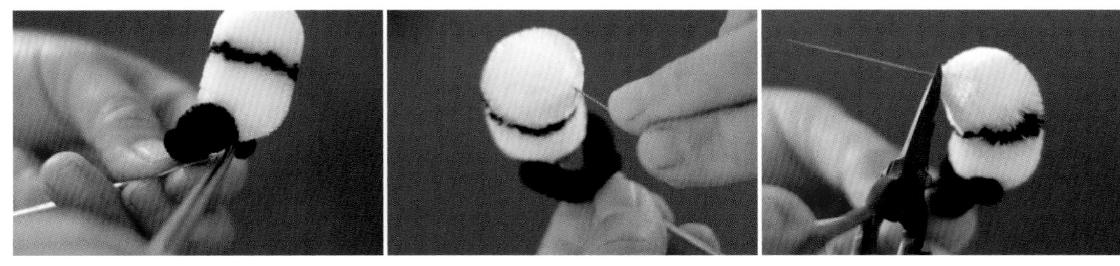

5 用镊子弯曲熊猫屁股一端的铜丝。再用手拽住头部一端的铜丝，让熊猫身体微微弯曲。

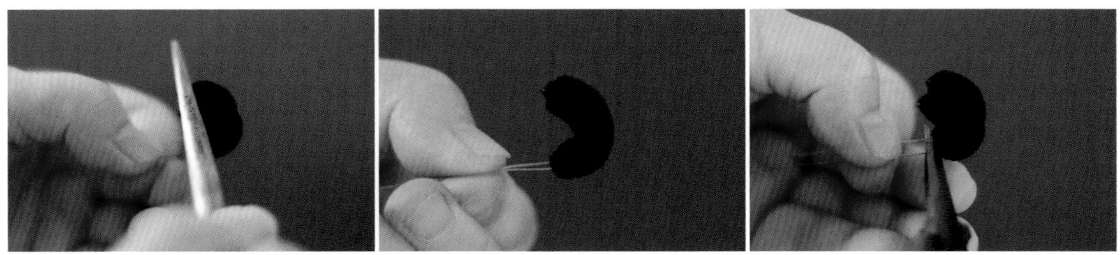

6 用镊子将熊猫的手臂弯曲成弧形。用剪刀剪去另一端的铜丝。

7 用镊子夹取熊猫耳朵，底部蘸取少量树脂胶，粘在熊猫头部。再用同样的方式粘上事先准备好的无纺布作为眼睛和鼻子。

8 用胶枪在熊猫手臂粘贴处打上少量胶，用镊子将手臂分别粘在熊猫身体两侧。

9 将胶枪沿着竹子枝条打上少量胶，快速粘在熊猫身体上。

10 用镊子调整熊猫的手臂，做出怀抱竹叶的姿势。

**11** 国宝熊猫发簪制作完成。

**小技巧：**在做动物款绒花之前，要对它们的形态把握到位，包括身体各个部位的比例，甚至还有神态，这样做出的造型才能逼真。

# 三多凤凰

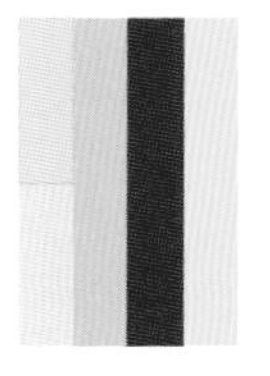

“三多”是中国传统吉祥图案，一般由佛手、寿桃和石榴组成。以佛手谐音“福”，以寿桃谐音“寿”，以石榴暗喻“多子”，表达多福、多寿、多子的愿望。凤凰是传统装饰纹样的一种，属吉祥图案。将4种有着美好寓意的物象一起制成绒花饰品，象征幸福吉祥、荣华长寿。

## 材料与工具

▪绒条 ▪丝线 ▪铜丝 ▪双股簪 ▪黑色小珠子
▪木尺 ▪传花剪刀 ▪剪铜丝剪刀 ▪镊子 ▪树脂胶 ▪珠宝胶 ▪老虎钳

### 大叶子部分

1 准备5根约6.5厘米长的浅蓝色绒条，用传花剪刀两头打尖。

2 取3根绒条，右手用镊子夹住，左手捻紧铜丝，固定好。

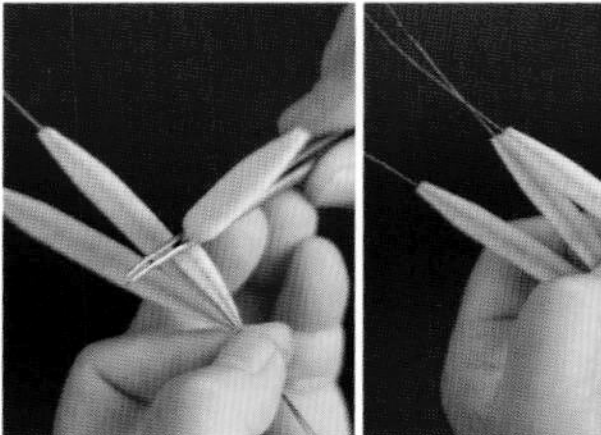
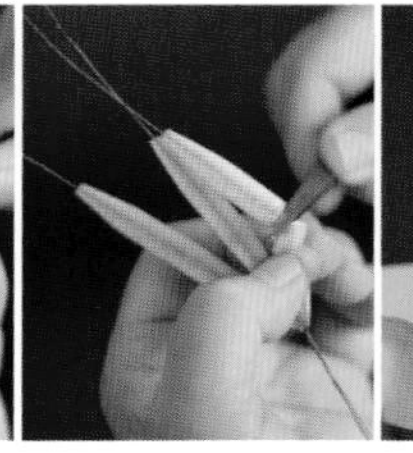
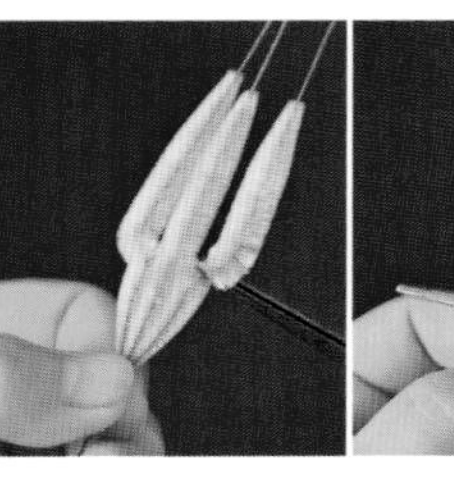

3 根据叶子形态，用镊子对绒条进行弯折，做成如图所示的造型。

4 重复步骤2、步骤3的方法，用剩余2根绒条做出如图所示造型的叶子。

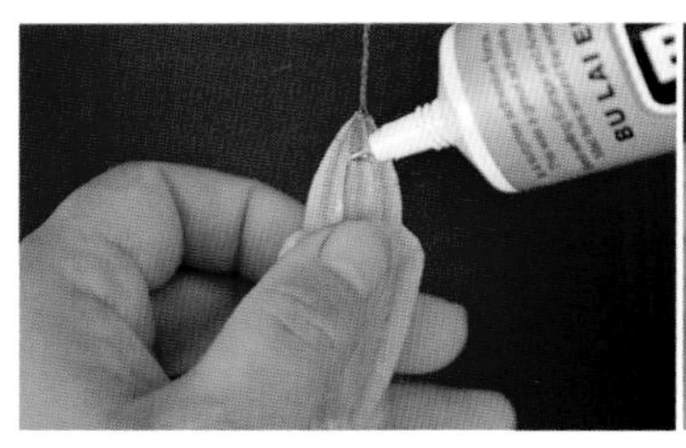
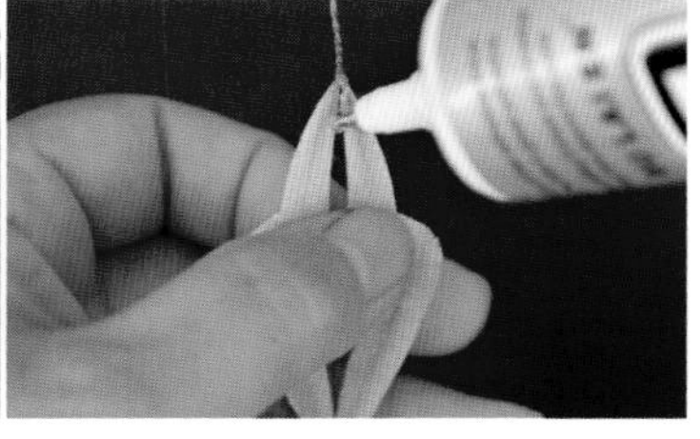

5 在叶子顶端挤少许珠宝胶，进行固定。

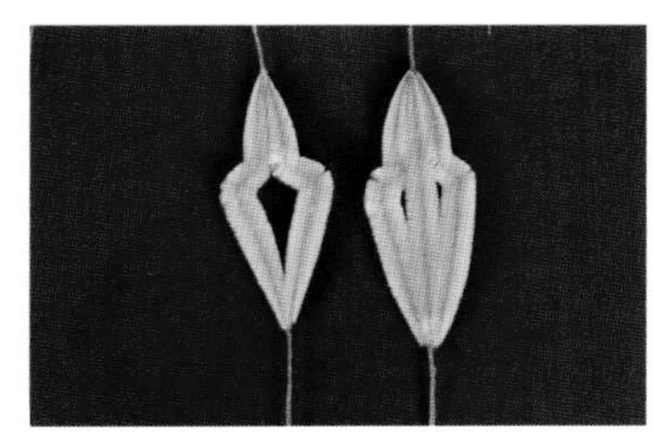

6 做好造型中的2片大叶子。

## 佛手部分

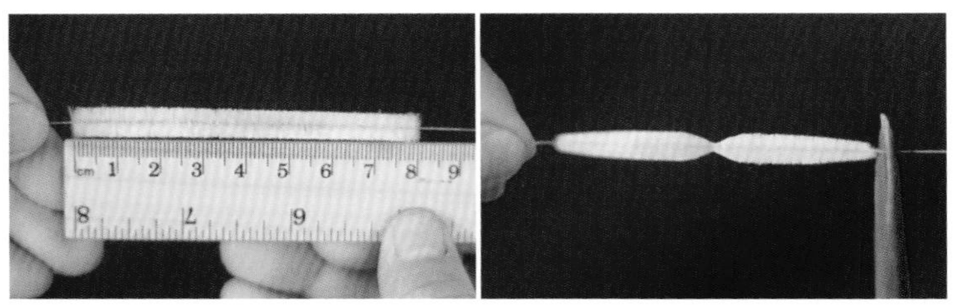

1 准备4根约8厘米长的白色、粉色渐变绒条，用传花剪刀对半打尖。

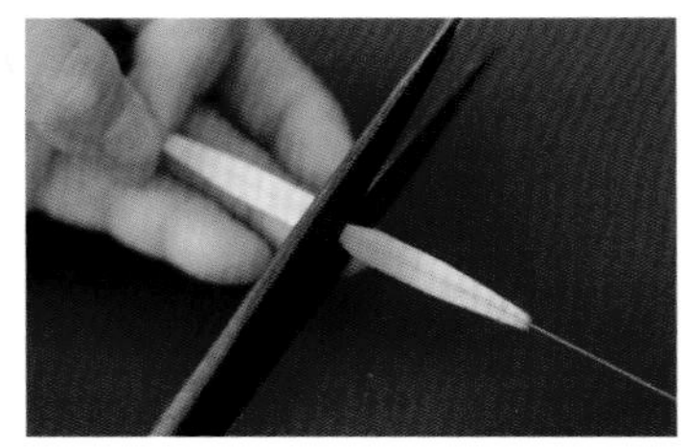

2 将对半打尖的绒条从中间剪断，得到8根短绒条。

3 取8根短绒条，用1根浅蓝色丝线缠绕铜丝约2厘米长，剪掉丝线，底部线头用树脂胶固定。

4 用镊子将所有绒条往里弯曲，做出佛手果实的造型。

5 取1根铜丝蘸取树脂胶，涂在佛手顶部的间隙处，做固定。

6 佛手部分做好了。

## 石榴部分

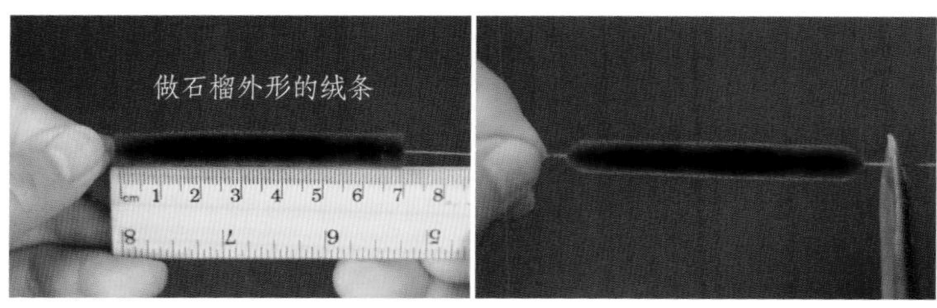


1 准备4根约7厘米长的暗红色绒条，用传花剪刀两头打尖。

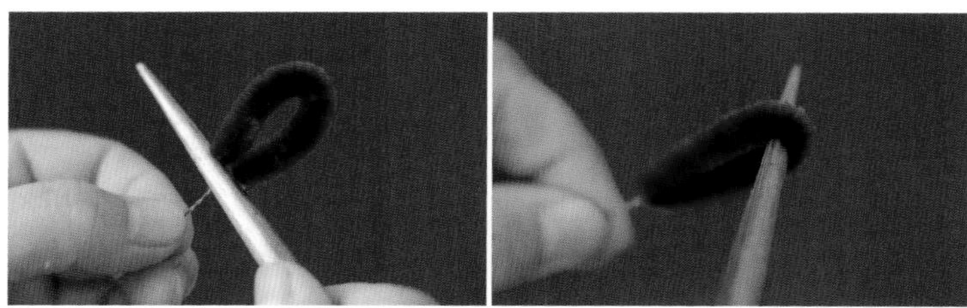

2 将两头打尖的绒条弯曲，右手用镊子夹住绒条，左手捻紧铜丝。再用镊子从中间向上提绒条的顶部，做造型。

3 重复“石榴部分”步骤2，做好全部4根石榴外形绒条。

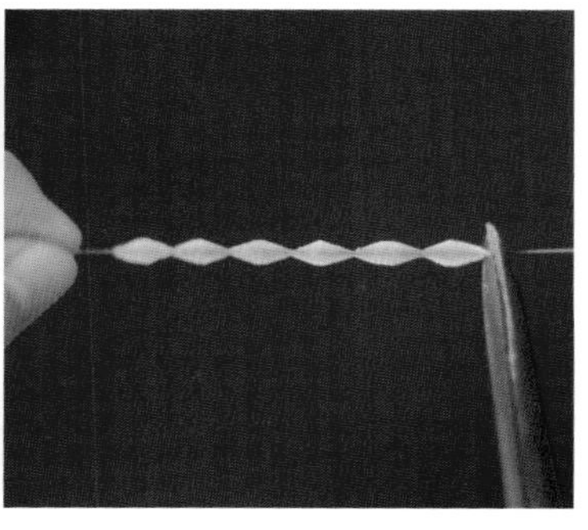

4 准备2根约6.5厘米长的粉紫色绒条，用传花剪刀如图打尖。

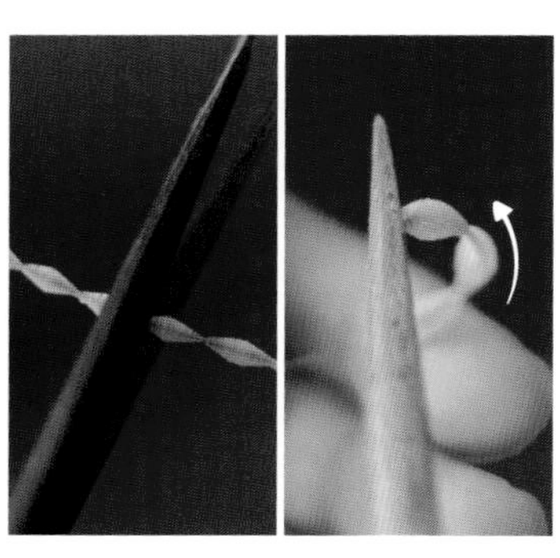

5 将打尖的绒条从中间剪断，取半根石榴子绒条用镊子进行弯曲。

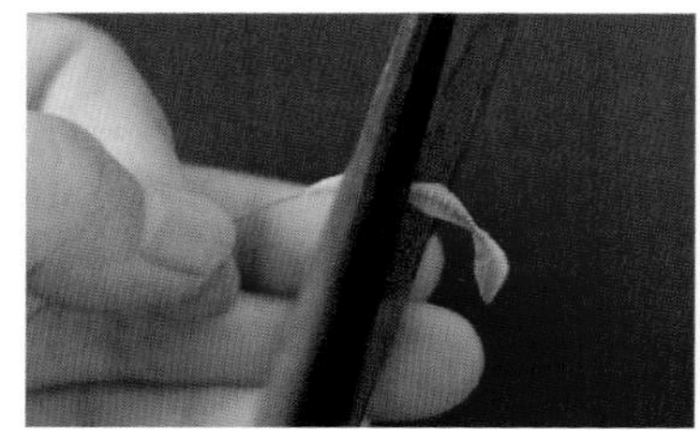

6 用剪刀在如图位置剪断铜丝，得到长度不同的石榴子。

7 做好全部石榴子。

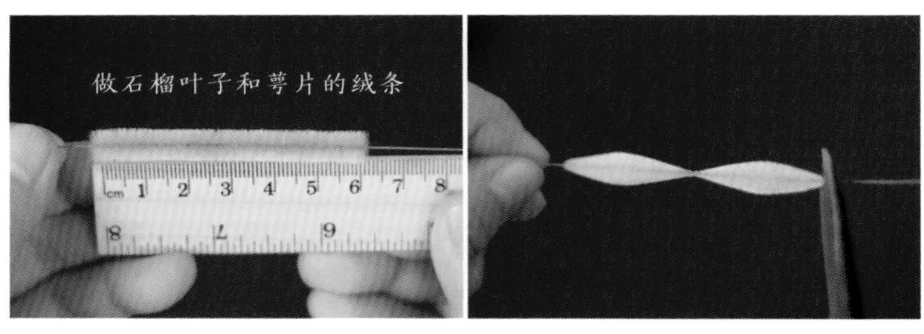


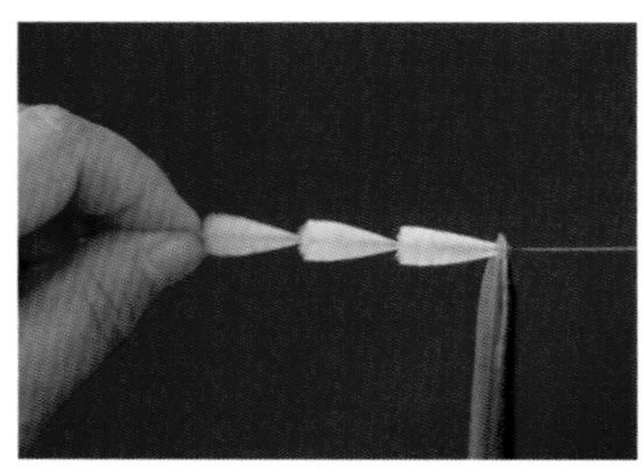

8 准备3根约6厘米长的浅蓝色绒条，其中2根绒条根据叶子形态用传花剪刀对半打尖，用来制作叶子。

9 另外1根用传花剪刀以图示形状打尖。用来制作萼片。

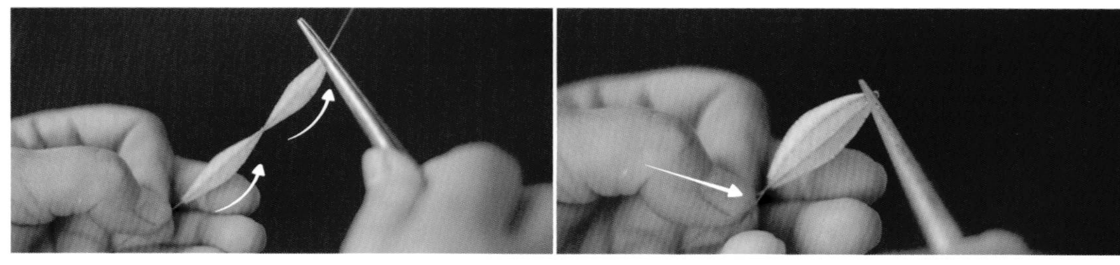

10 用镊子稍微划弯绒条，做出叶子边缘的弧度，之后从中间夹住绒条对折。右手用镊子夹住叶子顶部，左手捻紧铜丝。

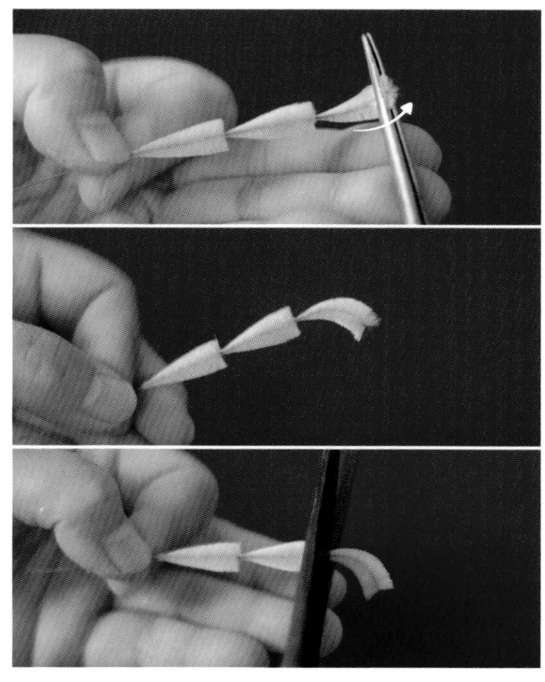

11 用镊子弯折打尖好的萼片绒条，并用剪刀将铜丝剪断。

12 做好2片石榴叶子和3片萼片。

13 开始组装石榴。取做好的4根石榴外形绒条，用浅蓝色丝线缠绕几圈。用镊子将绒条往里弯曲，做出石榴果实饱满的形态。预留一个开口。

14 取石榴叶子，用镊子弯折铜丝，加在石榴底部两侧，用丝线缠绕铜丝约2厘米长。剪掉丝线，底部线头用树脂胶固定。

**15** 用镊子取萼片，底部蘸取少量树脂胶，依次粘在石榴顶部。

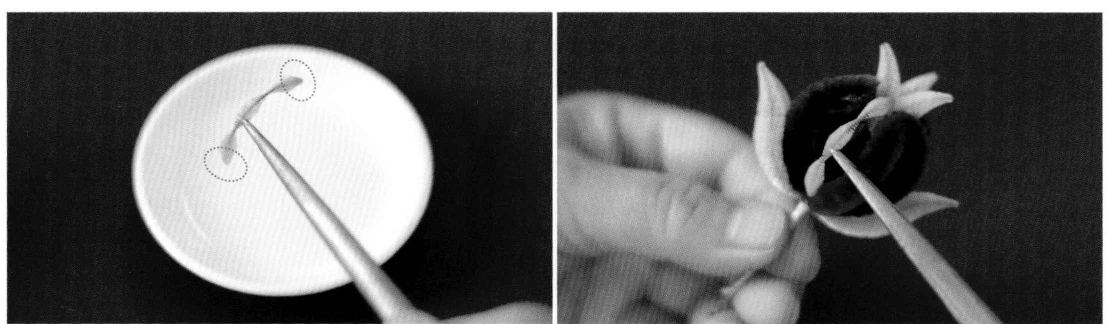

**16** 用镊子取最长的石榴子绒条（3颗的），两端蘸取少量树脂胶，粘在石榴预留的开口处。

**17** 用镊子依次取稍短和最短的石榴子绒条（分别为2颗的和1颗的），如图粘在两侧。

**18** 石榴部分做好了。

## 寿桃部分

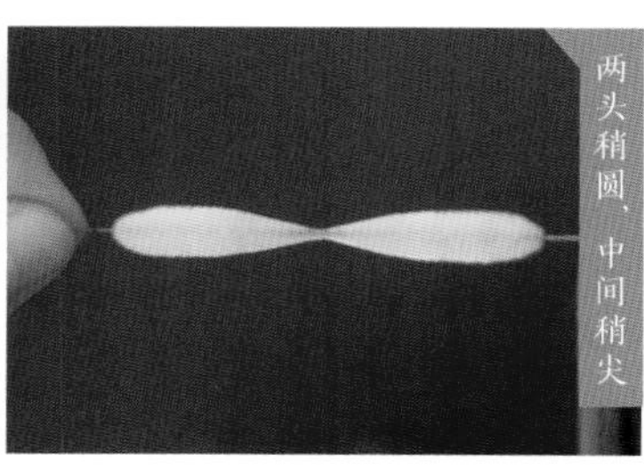


1 准备5根约6.5厘米长的天蓝色、黄色、浅粉色拼色对称绒条，用传花剪刀对半打尖。

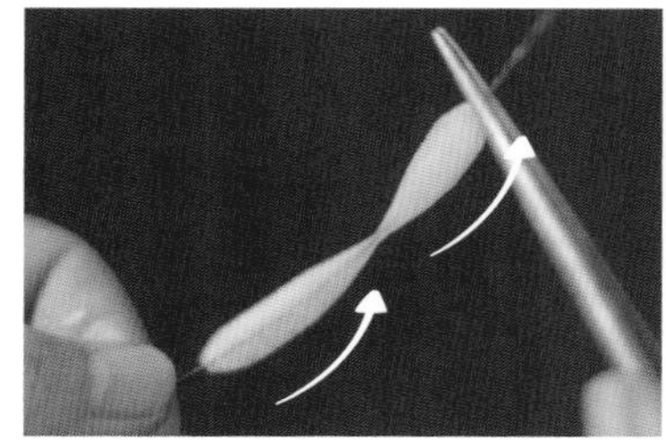

2 用镊子稍微划弯绒条，做出边缘的弧度，之后从中间夹住绒条对折。右手用镊子夹住绒条，左手捻紧铜丝。

3 重复“寿桃部分”步骤2，做好全部5根寿桃外形绒条。

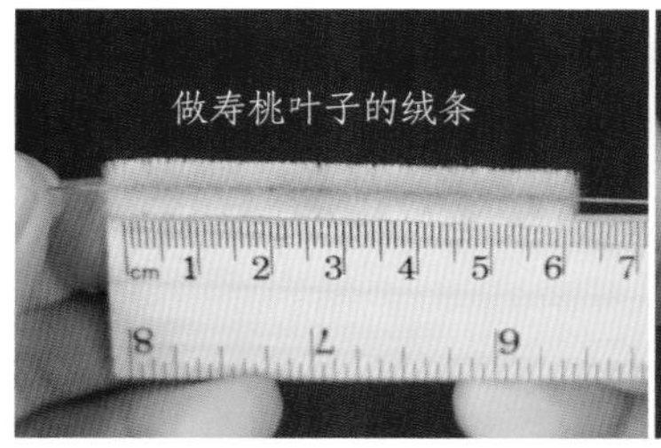

4 准备4根约6厘米长的浅蓝色绒条，根据叶子形态用传花剪刀对半打尖。

5 重复“寿桃部分”步骤2的方法，做出全部4片叶子。

6 取2根寿桃外形绒条，用浅蓝色丝线缠绕几圈。加上剩余3根绒条，再用丝线缠绕几圈。

7 用镊子将绒条往里弯曲，做出寿桃果实饱满的形态。

8 在寿桃底部依次加上4片寿桃叶子，用镊子将叶子稍微折弯。

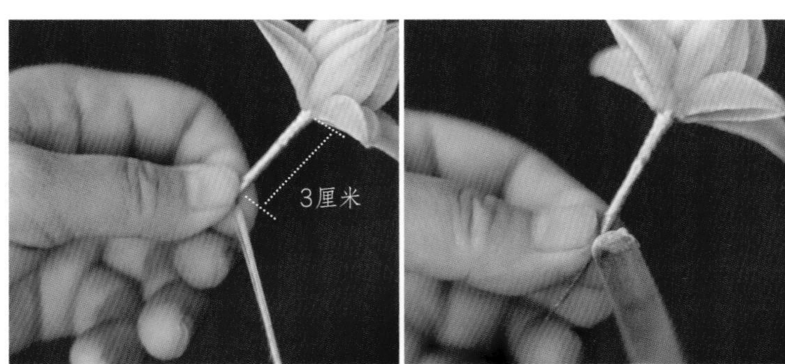


9 用丝线缠绕铜丝约3厘米长，剪掉丝线，底部线头用树脂胶固定。

10 用镊子调整寿桃造型。寿桃部分做好了。

## 凤凰部分

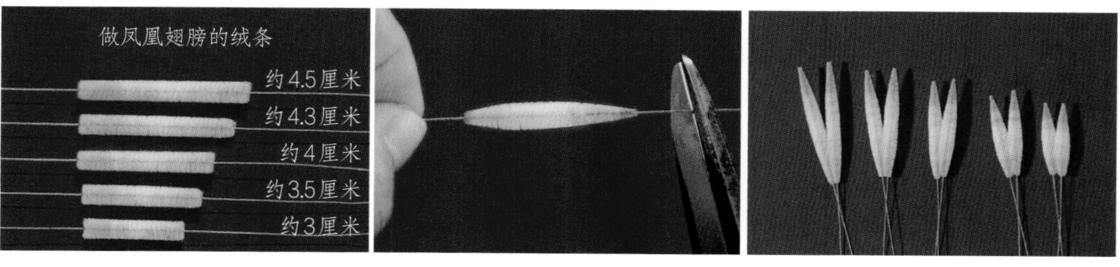


1 准备5种长度不一的浅蓝色、白色、粉色拼色绒条各2根（长度如图所示），用传花剪刀两头打尖，每种长度做好1对绒条。

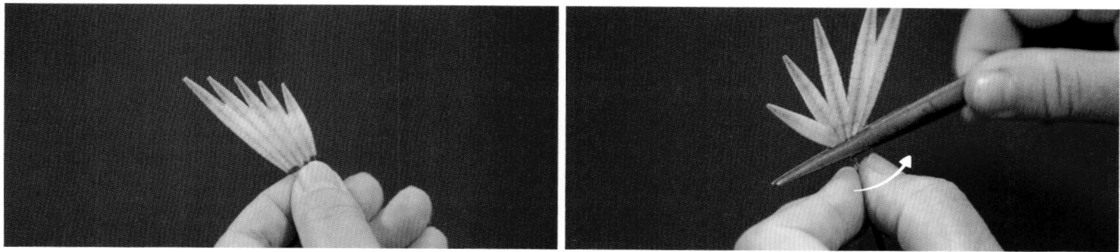

2 取5根不同长度的绒条并在一起，右手用镊子夹住绒条底部，左手捻紧铜丝，固定好。

3 用镊子分别将5根绒条向一侧弯曲，做出翅膀的造型。

4 剪去底部铜丝。做好凤凰的1对翅膀。

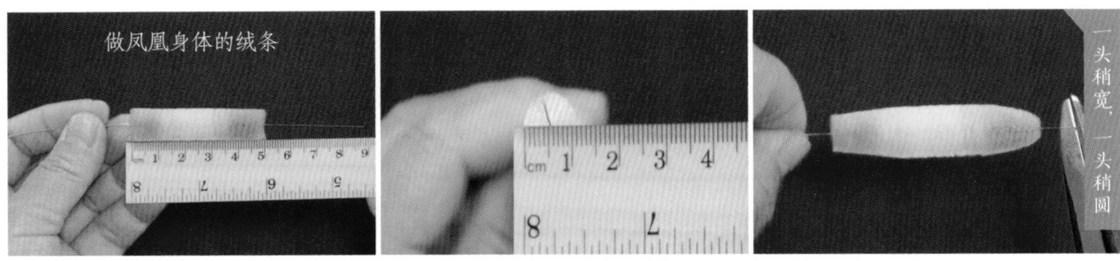


5 准备1根长约 5厘米、直径约 1厘米的浅蓝色、白色、粉色拼色绒条，用传花剪刀两头打尖。粉色端为凤凰头部，浅蓝色端为尾部。

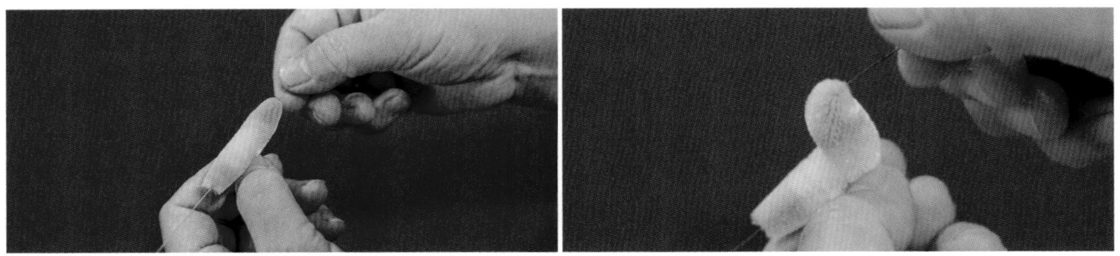

6 从身体头部1/3的位置弯曲绒条，做出凤凰的形态，然后用手拽住头部一端的铜丝，让凤凰的头微微弯曲。

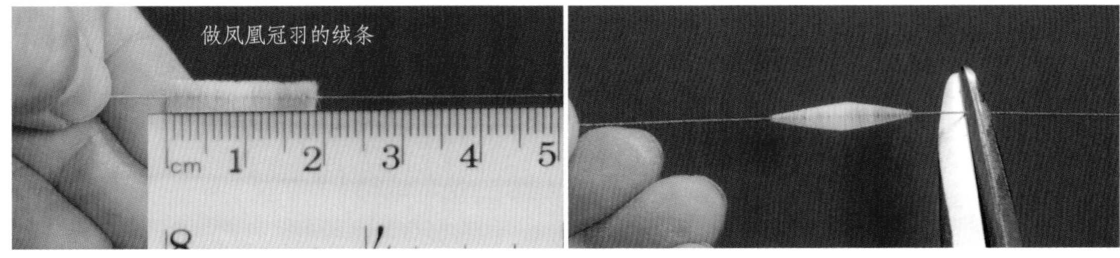


7 准备2根约 2厘米长的浅蓝色、白色、粉色拼色绒条，用传花剪刀两头打尖。

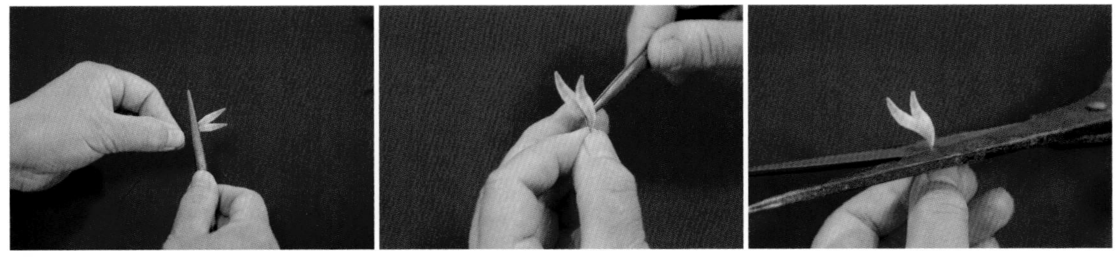

8 将2根绒条并在一起，右手用镊子夹住绒条底部，左手捻紧铜丝，固定好。用镊子将2根绒条向一侧弯曲，做出凤凰冠羽的造型。剪去底部多余的铜丝。

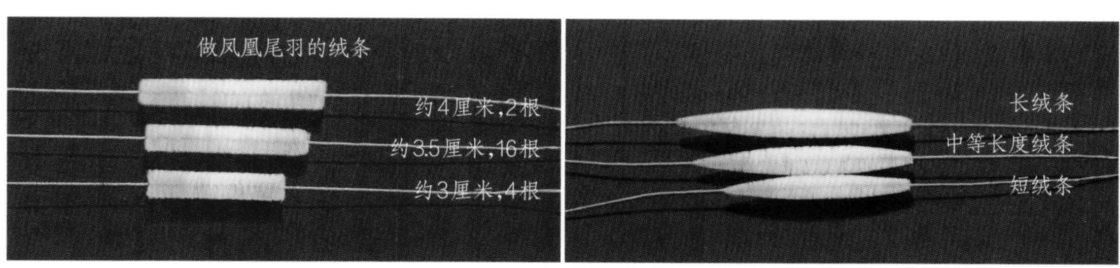


9 准备2根长约4厘米,16根长约3.5厘米,4根长约3厘米的浅蓝色、白色、粉色拼色绒条，用传花剪刀两头打尖。

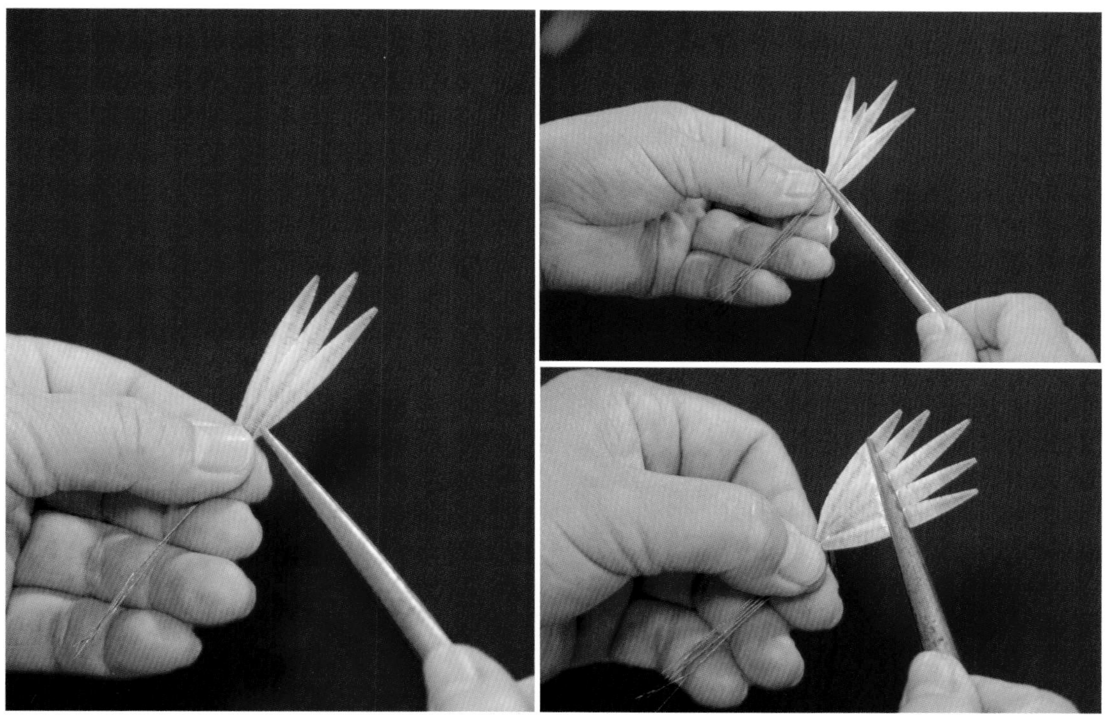

10 取3根绒条，长绒条在中间，中等长度绒条在两侧，用浅蓝色丝线缠绕几圈。在两侧各加1根中等长度绒条，用丝线缠绕约0.5厘米，并用镊子调整尾羽造型。

11 在尾羽下方依次加2对中等长度绒条和1对短绒条，每加1次，就用丝线缠绕约0.5厘米长，并用镊子调整尾羽造型。

*12* 用丝线缠绕铜丝约 3厘米长，剪掉丝线，底部线头用树脂胶固定。

*13* 用镊子分别将两侧的尾羽绒条弯曲，做出造型。

*14* 取1根铜丝，蘸取少量树脂胶，涂在尾羽的间隙处，做固定。按照“凤凰部分”步骤10~14，做出另一个尾羽。

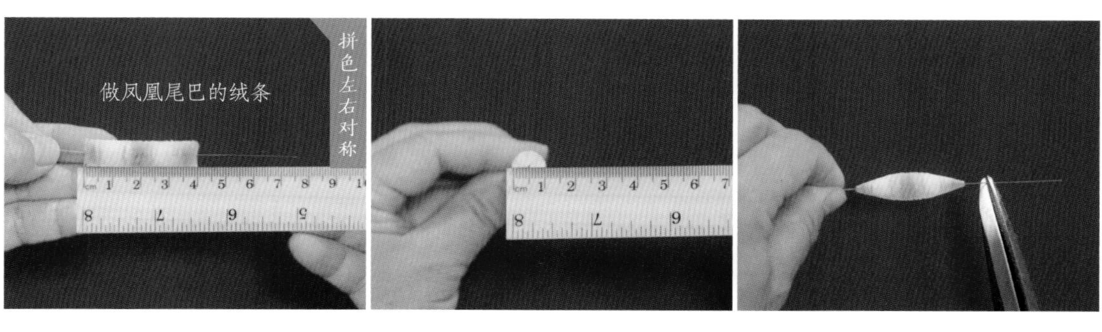


**15** 准备2根长约4厘米，直径约1厘米的浅蓝色、白色、粉色拼色绒条，用传花剪刀两头打尖。

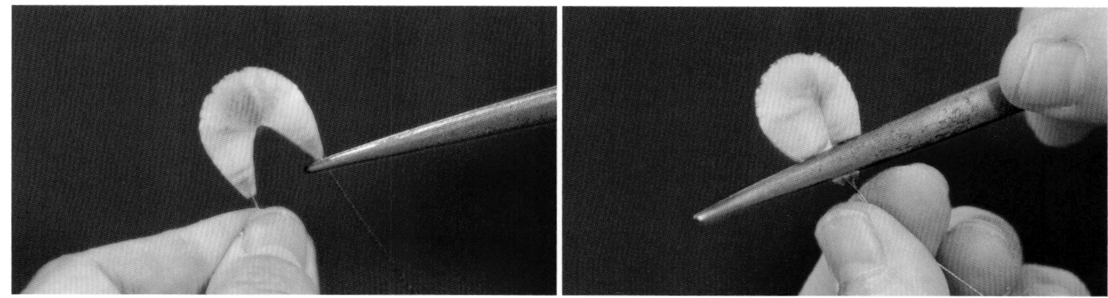

**16** 将打尖完的绒条对折，右手用镊子夹住绒条底部，左手捏紧铜丝。凤凰尾巴制作完成。

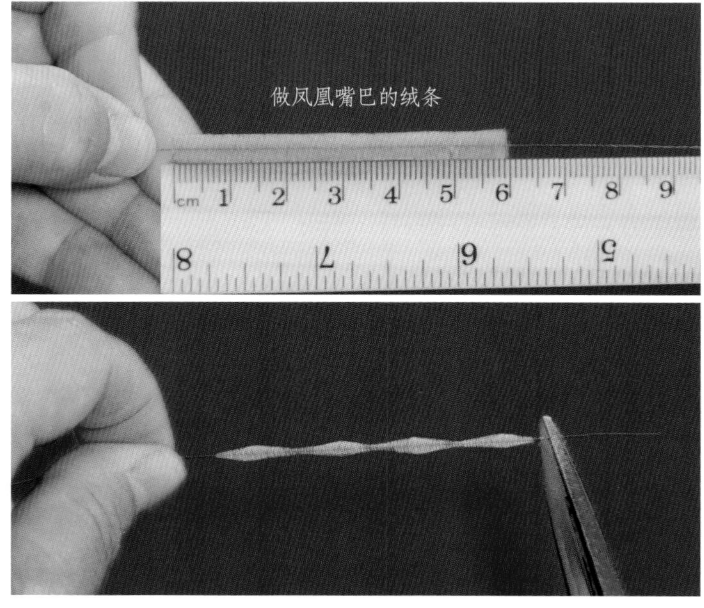


**17** 准备1根约6厘米长的浅蓝色绒条，以图示形态打尖。

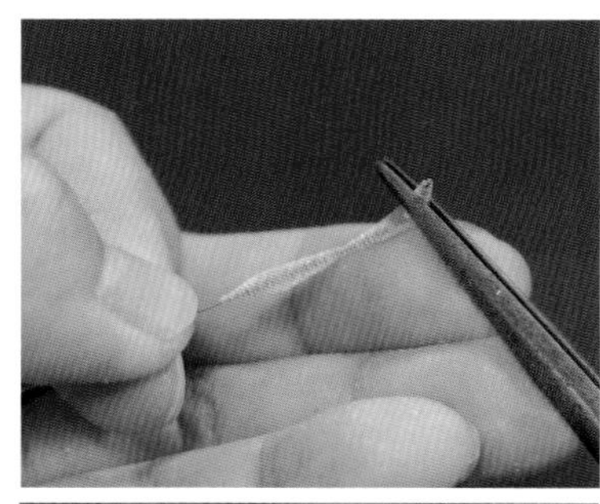

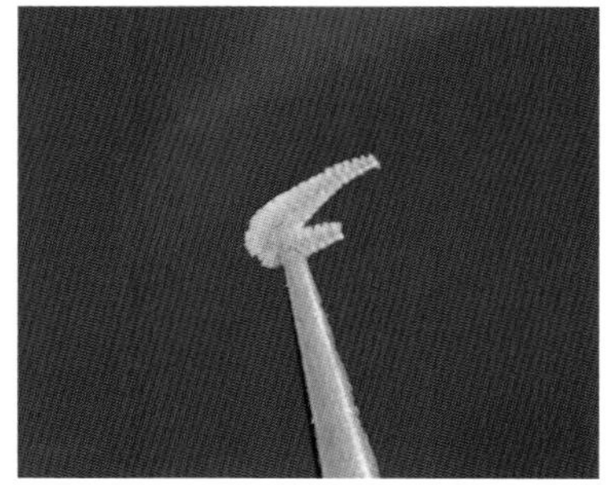

**18** 用剪刀从绒条中间剪断，取其中半根，弯曲绒条上端，做出凤凰嘴巴的造型，同时剪掉下端绒条。

## 组装

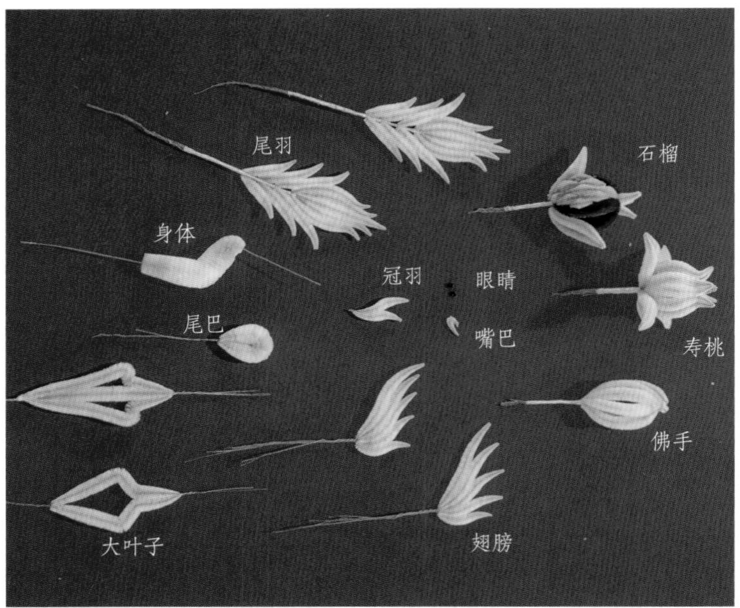


1 准备好所有待组装的部分。

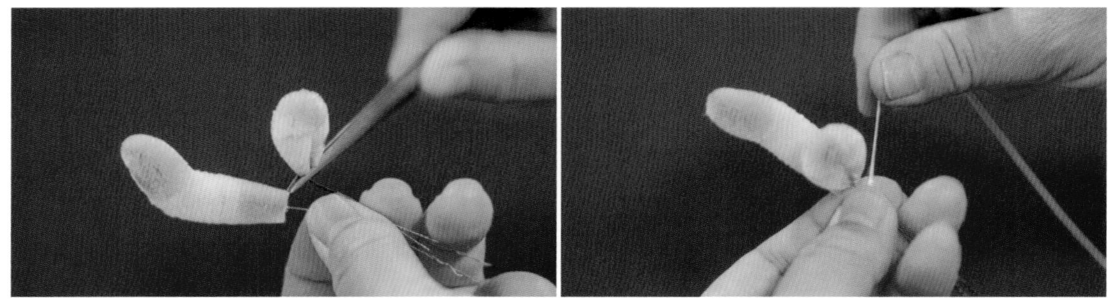

2 剪去头部一端的铜丝。用镊子弯曲凤凰尾巴部分铜丝，加在身体的后面，用浅蓝色丝线缠绕几圈。

3 用镊子弯曲2个尾羽的铜丝，分别加在尾巴后面的两侧，用丝线缠绕铜丝约 3厘米长，剪掉丝线，底部线头用树脂胶固定。

4 用镊子夹取翅膀，蘸取少量树脂胶，粘在凤凰身体的两侧，粘完要用手轻压固定。

5 用镊子夹取冠羽，蘸取少量树脂胶，粘在凤凰的头部，用镊子轻压固定。

6 用镊子夹取凤凰嘴巴，蘸取少量树脂胶，粘在凤凰头部。再用同样的方式粘上事先准备好的黑色小珠子作为眼睛。

7 用镊子调整凤凰的整体造型，使其更逼真、美观。

8 取佛手、石榴、寿桃部分，用1根浅蓝色丝线缠绕几圈。

9 用镊子折弯凤凰底部铜丝，加在佛手和寿桃之间，用丝线缠绕几圈。

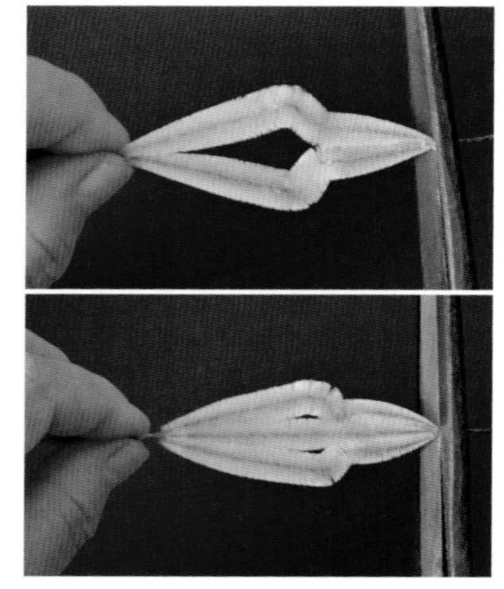

10 用剪刀剪去2片大叶子一端的铜丝。

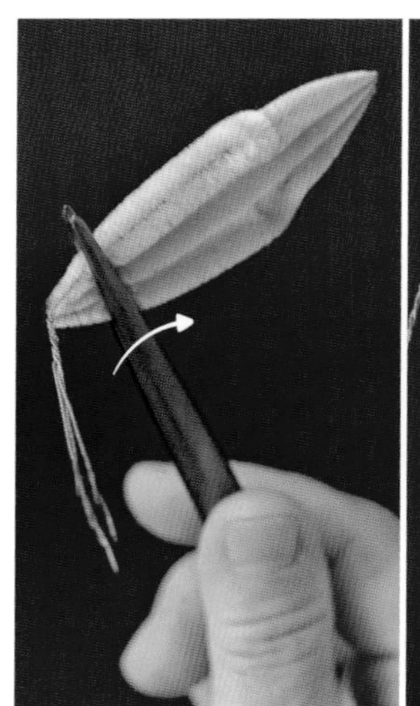
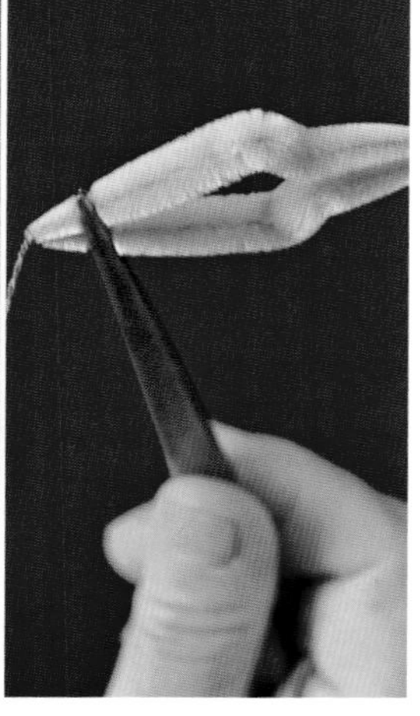

11 用镊子折弯大叶子铜丝。将较小的1片叶子加在寿桃下面，将较大的1片叶子加在寿桃和石榴中间。

12 用丝线缠绕铜丝约0.5厘米长。

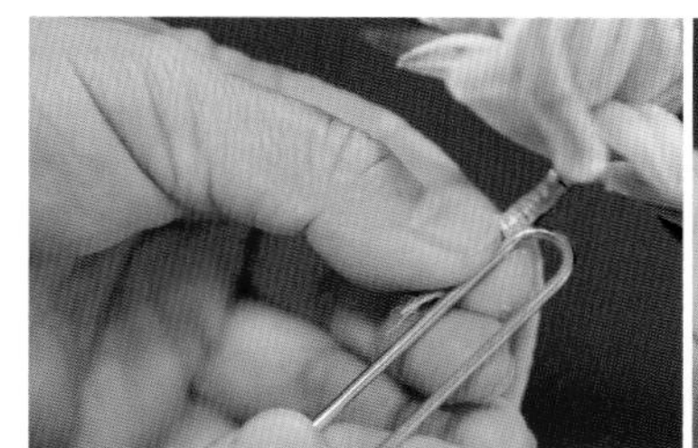



13 取1根双股簪，左侧簪子主体与铜丝重合，用丝线缠绕约1厘米。

14 剪掉丝线，底部线头用树脂胶固定。

15 用老虎钳将铜丝折弯90°。

16 三多凤凰发簪制作完成。

# 附录一 不同配件的绑法

## 水仙花胸针

绑法并非一成不变，可根据个人习惯变化，只要将绒制半成品与不同配件固定牢即可。

1 准备好水仙花半成品、胸针、1根绿色丝线。

2 取水仙花部分，用绿色丝线缠绕铜丝几圈。

3 取1根胸针，胸针主体与铜丝重合约0.5厘米长。

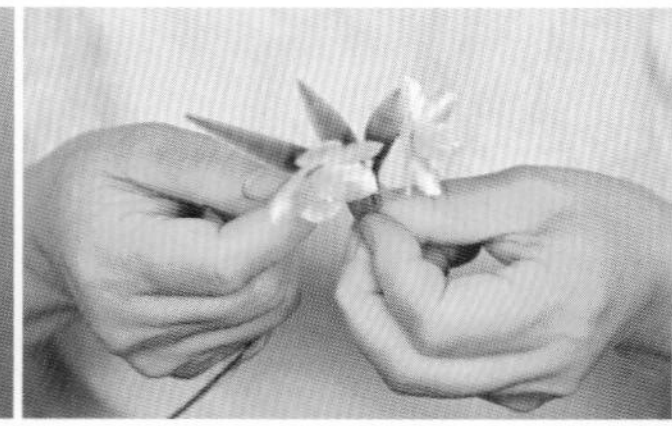

4 继续用丝线缠绕胸针约0.5厘米长，剪掉丝线。

5 用镊子尾部蘸取少量树脂胶，固定住线头部位即可。

# 牡丹发梳

1 准备好牡丹半成品、发梳、1根蓝色丝线。

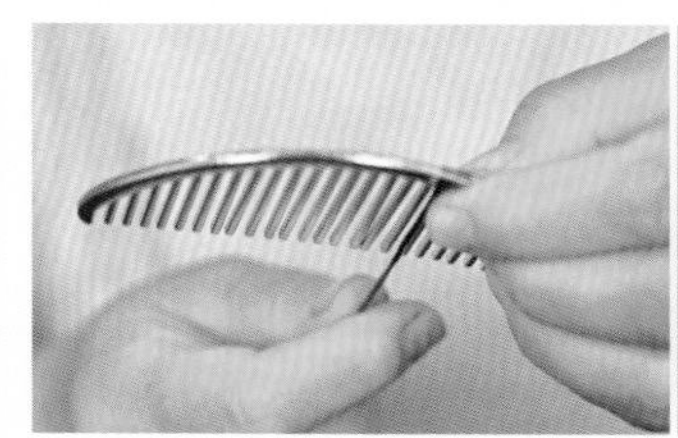

2 用蓝色丝线从发梳左侧1/3处开始缠绕，缠绕2根或3根梳齿即可。

3 加上牡丹部分，铜丝与发梳上缘重叠，用丝线顺着梳齿往左侧缠绕，逐渐包裹住铜丝。每一圈都要紧紧缠牢。

4 用丝线缠绕发梳上缘约1厘米长。

5 剪掉丝线，底部线头用树脂胶固定。

# 蝴蝶发夹

1 准备好蝴蝶半成品、鸭嘴夹、胶棒、1根浅绿色丝线。

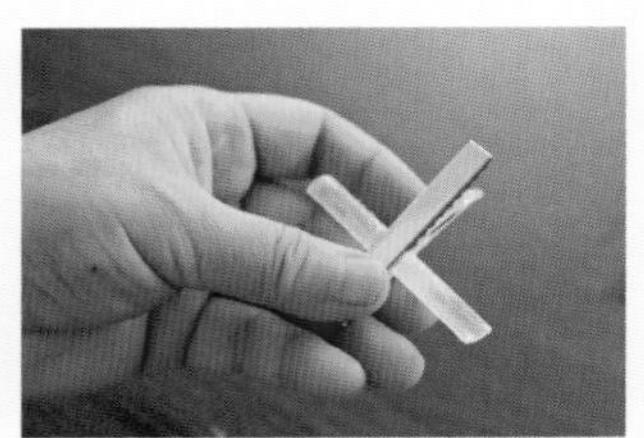

2 将胶棒夹在鸭嘴夹中间，这是为了方便在发夹主体上缠绕丝线。

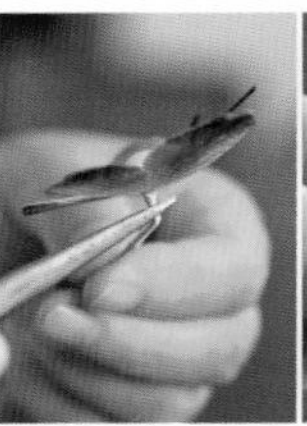

3 用镊子弯曲蝴蝶部分的铜丝，如果铜丝过长，可用剪铜丝剪刀剪掉。

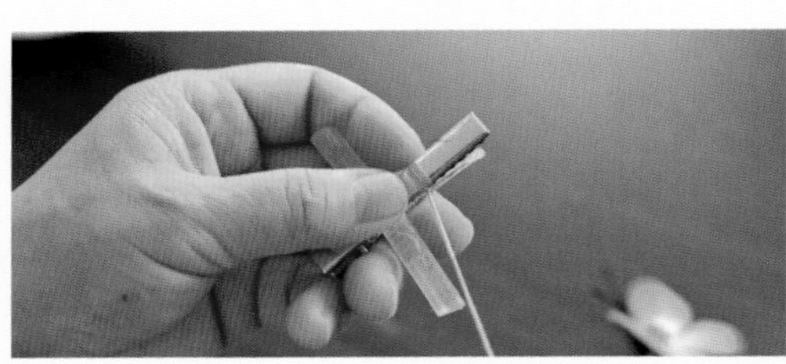

4 用浅绿色丝线缠绕鸭嘴夹上面一层，由上往下缠绕。每一圈都要缠紧。

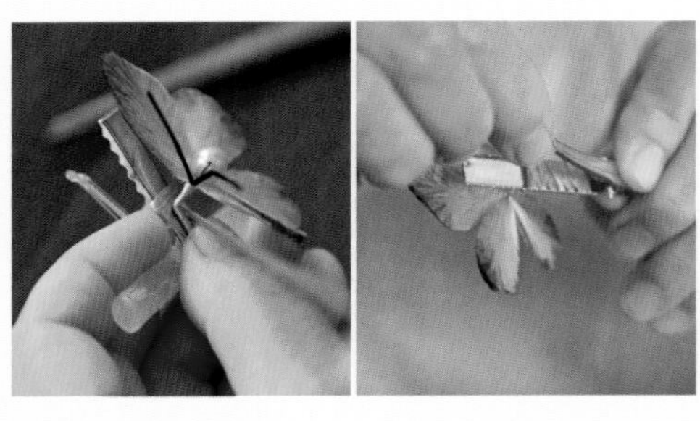

5 丝线缠绕至胶棒处，将胶棒取下。左手按压发夹张口，右手继续缠绕丝线。

6 丝线缠绕约1厘米长，剪掉丝线，底部线头用树脂胶固定即可。

# 彩菊波浪插梳

1 准备好菊花半成品、波浪插梳、1根深绿色丝线。

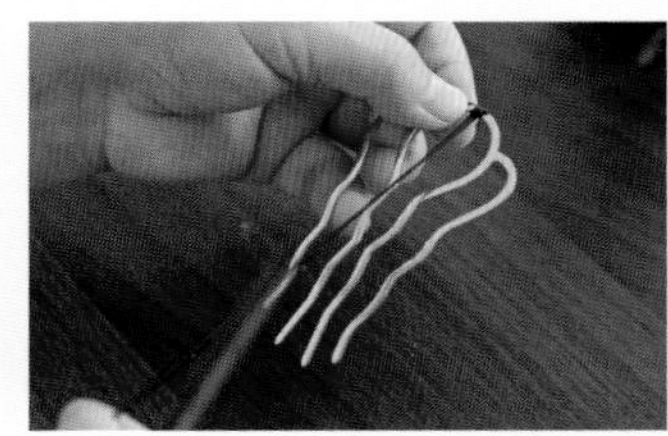

2 用丝线缠绕插梳上缘正中间的位置几圈。

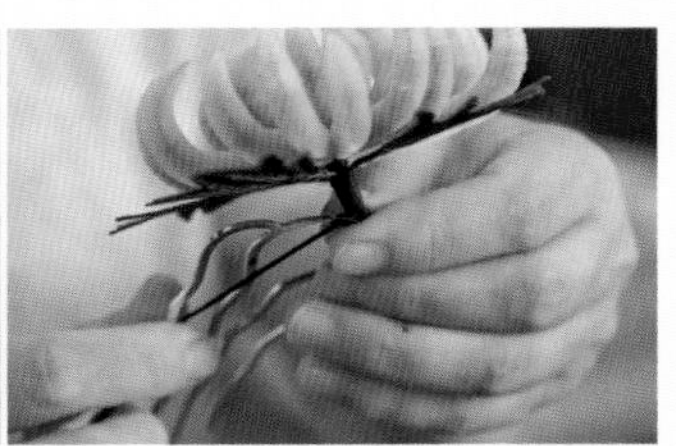

3 用镊子弯曲菊花部分的铜丝，并在插梳左上角的位置。

4 用丝线沿着铜丝与插梳重叠部分缠绕约1厘米长。如果铜丝过长，可用剪刀剪去。

5 剪掉丝线，底部线头用树脂胶固定即可。

# 红牡丹双股簪

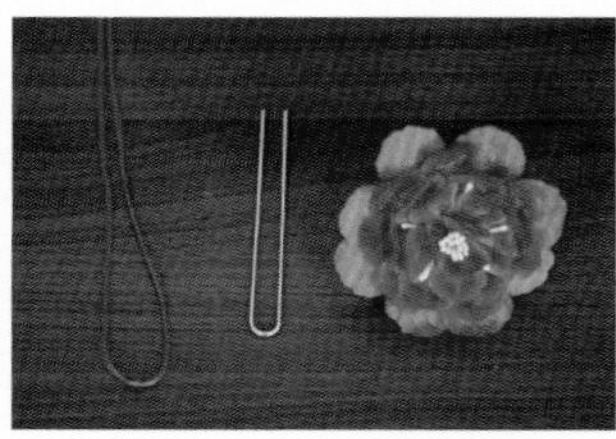

1 准备好牡丹半成品、双股簪、1根大红色丝线。

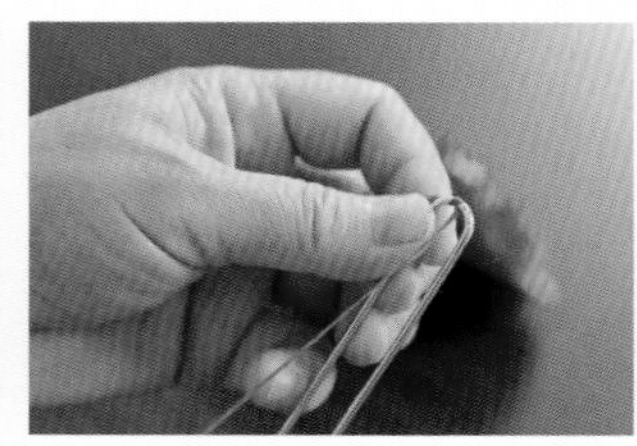

2 用丝线缠绕双股簪的顶端几圈。

3 用镊子弯曲牡丹部分的铜丝，并在双股簪左上方的位置。

4 用丝线继续缠绕左侧簪子主体约1厘米长。

5 剪掉丝线，底部线头用树脂胶固定。

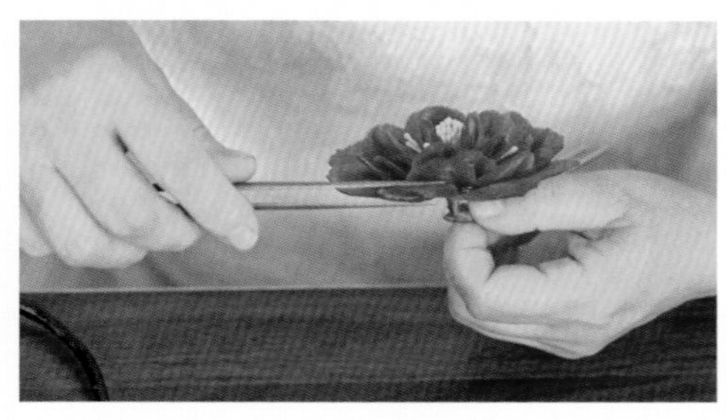

6 用镊子调整牡丹花瓣的造型。

## 洒金箔小技巧

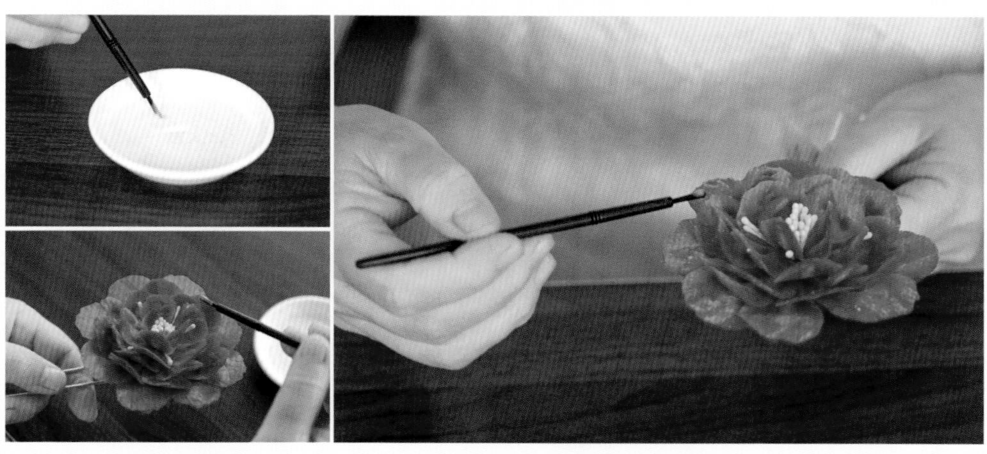

1 用小笔刷蘸取少量树脂胶，轻轻将胶刷在花瓣上。注意分布均匀，不能刷太厚。

2 再用笔刷蘸取金箔，刷在涂有胶的部位。注意速度要快。

## 附录二 如何保存绒花

未组装配件的半成品也可以插在泡沫块上。

将制作好的绒花插在泡沫块或簪子收纳板上，竖放保存，最好再用亚克力罩子罩住，或者放入柜子中，防止沾灰。还可以将绒花放在有天鹅绒内垫的盒子里保存。

收纳板最好搭配罩子。

蓝色矢车菊的花语为遇见和幸福。外围淡蓝，中间深蓝并点缀樱花粉，细致可爱，清新优雅，适合送给心仪的女孩、恋人和爱人。

牡丹的雍容华贵，总是让人偏爱。这款白黄色和绿色渐变绒条制成的牡丹，虽然颜色素雅，但尽显端庄大气。

熟蚕丝制作的绒花，桑蚕丝绣出的团扇，头戴荷花，手持团扇，穿上汉服，变身气质端庄、举止优雅的大家闺秀。

一捻芳华

非遗绒花教程